不一样的手作

我的独创印章

聪明谷手工教室　编著

北京理工大学出版社
BEIJING INSTITUTE OF TECHNOLOGY PRESS

图书在版编目（CIP）数据

不一样的手作．我的独创印章 / 聪明谷手工教室编著 .— 北京：北京理工大学出版社，2018.12
ISBN 978-7-5682-4197-7

Ⅰ．①不…　Ⅱ．①聪…　Ⅲ．①手工艺品—制作　Ⅳ．① J529

中国版本图书馆 CIP 数据核字 (2017) 第 142095 号

出版发行 / 北京理工大学出版社有限责任公司
社　　址 / 北京市海淀区中关村南大街5号
邮　　编 / 100081
电　　话 / （010）68914775（总编室）
　　　　　（010）82562903（教材售后服务热线）
　　　　　（010）68948351（其他图书服务热线）
网　　址 / http://www.bitpress.com.cn
经　　销 / 全国各地新华书店
印　　刷 / 河北鸿祥信彩印刷有限公司
开　　本 / 889毫米×1194毫米　1/24
印　　张 / 4.25
字　　数 / 73千字
版　　次 / 2018年12月第1版　2018年12月第1次印刷
定　　价 / 30.00元

责任编辑 / 王玲玲
文案编辑 / 王玲玲
责任校对 / 周瑞红
责任印制 / 边心超

图书出现印装质量问题，请拨打售后服务热线，本社负责调换

前言

preface

爱生活、爱创意、爱手工、爱与别人不一样，这可能是所有手工爱好者的共同特点。的确，在机械化生产的便捷社会中，很多美观的物品在流水线上被大批量地制造出来，人人都可以拥有一件一模一样的商品，但这些商品没有了个性和温情。手做的物品是有温度的，它包含了创作者的情感、痕迹、个性，它富有温情。

在现代社会里，偏偏有这么一些人酷爱创造，喜欢与众不同，喜欢亲身实践，他们坚信手工制作独一无二，他们相信饱含情感的事物更会让人怦然心动。各种自己制作的精致新奇的小玩意，做成了会使自我满足感爆棚，送给别人则更别有一番情意。

生活中需要乐趣，创意手工就可以带给你生活中需要的方方面面的乐趣！你可以给自己缝制一个卡包、零钱袋，也可以给朋友送上亲手制作的印章，大到衣帽，小到一枚小小的胸针，这其中只有你想不到的，没有你做不到的！手工创作不只是体验手工过程的乐趣，更能够亲手营造家的温馨，传递爱意，好处多多！

本系列丛书包括《我的创意饰品》《我的独特印章》《我的改装文具》，每一本书都有很强的针对性和可操作性。翔实的步骤，变换不停的奇妙点子，带你去不一样的手工世界遨游，让你爱上手工，手根本停不下来！

书中的每一个手工，都配上详细的过程图与解说；从材料到成品，我们都尽力将每一步讲清楚，让手工爱好者能轻松上手，制作出满意的作品。还在等什么呢？快翻阅这本不一样的手工宝典吧！

目录

contents

Part 1 了解橡皮章

Part 2 基本技法

Part 3 创作精美的印章

Part 4 图案素材

Part 1
了解橡皮章
HONG 雕刻刀
HONG 雕刻刀

一、认识橡皮章

橡皮章，顾名思义，用橡皮做的印章，指DIY手工雕刻的橡皮印章。橡皮章是使用雕刻刀具在专门用于刻章的橡皮砖上进行雕刻，从而制作出的可反复盖印图案的一种休闲手作形式。橡皮章结合不同颜色的印台，可以制造出各种效果。由于雕刻材料是松软的橡皮，雕刻时不需要很长时间，也不需要复杂的技巧，因此几乎人人都可以轻松上手，而橡皮章的雕刻内容也极为随意，不论是文字还是图案，只要是你喜欢的，都能雕刻出来。

橡皮章独特的魅力在于它的制作过程及效果都能给你带来美好的享受。在雕刻过程中，你可以抛开烦恼，潜心创作，享受难得的安静；雕刻完成后，看着自己创作的精致的艺术品，那满满的成就感会给你带来喜悦与激动；看着它给你原本平淡的生活带来的与众不同，为你的生活带来快乐，相信你很快就会爱上橡皮章。

橡皮章的特点是可以反复利用，给你的生活带来不一样的精彩。橡皮章不拘泥于纸上，它可以出现在你的书本上，让你的书本不再单调空白；也可以出现在你的贺卡上，让你的贺卡看上去充满新意；还可以出现在你的衣服上，让你的衣服独一无二。

橡皮章可以展现出你自己的独特魅力，因为创作橡皮章的是你，你可以天马行空地想象与设计你自己的橡皮章！

二、材料

在制作橡皮章之前，要先了解制作橡皮章的材料，这样方便制作出更精致、更完美的橡皮章。

1. 橡皮砖

制作橡皮章必不可少的当然是橡皮。而手工刻橡皮章所需要的是专门用于雕刻的橡皮，也叫橡皮砖。普通橡皮并不是不能刻，只是普通橡皮尺寸不够大，无法制作大面积的图案；普通橡皮软硬度不均，不是很适合雕刻；此外，橡皮砖比普通橡皮便宜。

橡皮砖可以在专门营销的网络店铺购买。普遍的橡皮砖多为白色，大小不一，多为长方形、正方形，也有圆形、扇形和柱形。后来又出了一种仿日本产品的双色砖，就是砖块的两侧表层几毫米是彩色的，中间仍是白色，便于雕刻时分辨阴阳线条，也十分美观。日本原产雕刻橡皮砖品质比较好，但非常昂贵，名片大小的一块橡皮砖价钱在30元左右，非一般消费者所能负担。现在国内生产的各种双色橡皮砖，可分为可揭夹心橡皮

砖与不可揭夹心橡皮砖。10mm × 15mm不可揭夹心橡皮砖价格为2~6元；同样大小的可揭橡皮砖价格略高，一般要5元及以上。还有通透的“果冻”橡皮和“凉粉”橡皮，为出口橡皮，价格较高，“果冻”10mm × 15mm大小的价格为14元左右，“凉粉”则为22元左右。

虽然橡皮砖在国内逐渐流行起来，但是并没有固定的品牌，所以大家在挑选的时候可以根据自己的经济情况自行选择，不同品牌的橡皮砖软硬密度有所不同，可以多尝试几种，然后选择自己感觉最好的。

2. 手柄

手柄也称为底座，其能使印章拿取起来更方便，盖印时施力更为均匀，从而使盖印出的图案达到最佳效果。

一般手柄为木制、软木和亚克力的，也有使用纸黏土、葡萄酒瓶塞、线轴甚至瓷砖的。手柄的造型多样，材质不一，只要能与橡皮章黏合在一起就可以。手柄的用法也很简单，只要用胶水将手柄和橡皮章黏在一起就好了，胶水可以用比较牢固的502胶水或者白乳胶，记得在黏结前将手柄和橡皮章的连接面清洗干净，这样可以更加牢固。手柄并不是必需的材料，可以根据自己的情况购买。如果有可以用的材料，也可以自己制作手柄。

三、工具

基本材料准备齐全后，还要准备雕刻工具，合适的雕刻工具可以让你雕刻起来更加轻松流畅，使作品更加完美精致。雕刻橡皮章的工具主要有笔刀、角刀、圆刀、平刀等。接下来详细介绍每种刻刀的用法，大家可以根据用途和自己的习惯购买。

1. 笔刀

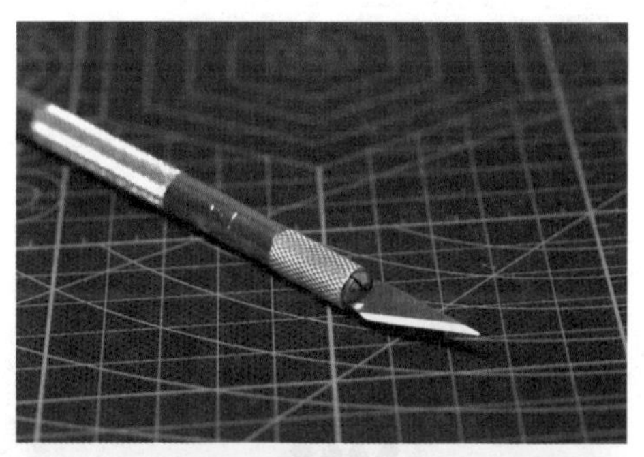

笔刀，全称笔形美工刀、雕刻美工刀或美工雕刻刀，形状似笔，但前端有刀片，一般用于美术上的雕切。刀尖有30°、58°等多种角度可选择，价格在10~20元，是基本的刻章工具。价格和外形对雕刻技巧并不起决定性作用，在挑选笔刀的时候，最好优先考虑实用性。

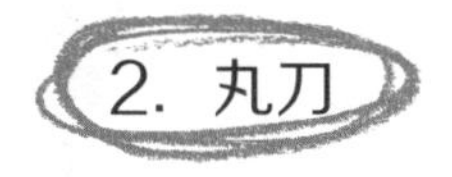

2. 丸刀

丸刀（也叫圆刀，刀口呈“U”形的刻刀)的主要功用是挖除留白。根据不同的用途，丸刀的型号也有所区别，大小基本

在0.5~5cm，可以根据个人习惯选择大小适中的型号。其实笔刀也具有丸刀的作用，只不过新手运用得不是很熟练，使用丸刀可以更快捷方便地清理留白。

3. 角刀

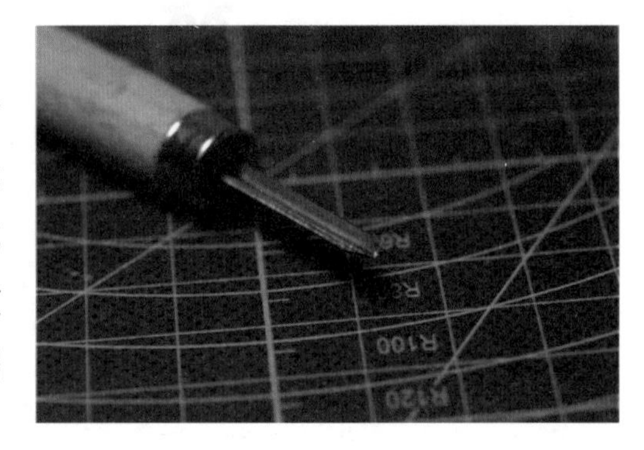

角刀（刀口呈“V”形的刻刀）的功能和丸刀的一样——挖除不必要的留白，只不过角刀可以清除一些丸刀处理不到的小角落。除此之外，角刀还有很大的发挥余地，比如刻细线条、制造版画效果等。熟练运用后，可以制作出效果精美的橡皮章。角刀和丸刀一样有不同的型号，可以根据自己的情况和需求购买。

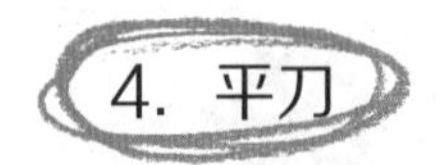

4. 平刀

平刀刃口平直，主要用于劈削铲平材料表面的凹凸，使其平滑无痕。平刀是用于木雕的工具，橡皮章主要用于平留白。平刀也有很多型号，可根据自己的喜好选择大小，大平刀主要用来铲平丸刀或角刀挖除的凹凸留白，小型号的平刀可以清理一些大平刀清理不到的小角落。

在使用平刀时，要注意平直的一面向自己，有陡坡的一面向橡皮。在使用平刀的时候，不要一刀铲到底，这样容易铲深，最好一点一点地向前推进。

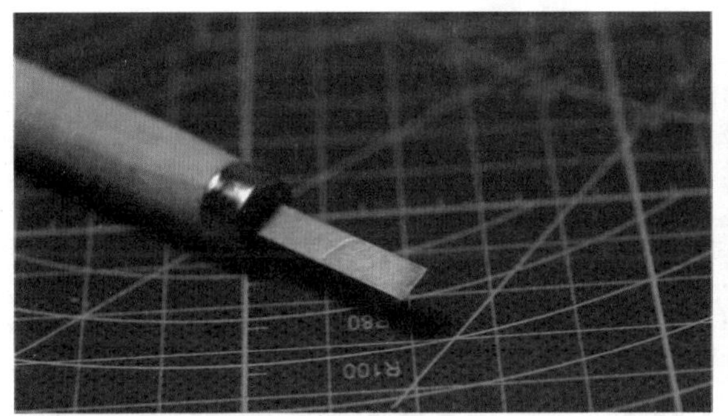

5. 描图纸

描图纸也叫硫酸纸，美术品商店均有售，用以转印图案到橡皮砖上。其实并非一定要用硫酸纸才行，只要是透明性比较好的纸，都可以用。

6. 铅笔

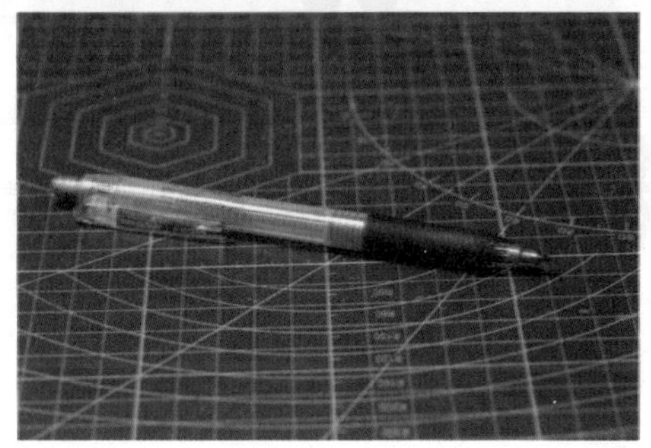

一般的木质铅笔或自动铅笔都可以，用来描绘所需雕刻的图案。一般使用HB铅笔，它最容易拓印到橡皮砖上；0.7cm、0.5cm、0.3cm的自动铅笔也可以，不过拓出的图案相对较淡，但是细的铅笔对一些细节的描图效果比较好。

7. 印台

印台也叫印泥，印章刻完后需要试印，然后对照印出的图案调整不到位的地方。彻底完成后，就可以用各种颜色搭配相应材质。有了雕刻完美的橡皮章，当然要选择颜色漂亮的印台将图案完美地展现出来。印台的颜色很多，除了有单色的，还有彩色的。

印台从质地上可以分为水性和油性的，印盖的材料可以有纸、布、金属等。国产印台较为便宜，但质量不是很理想；有不少韩国牌子的印台其实是中国台湾制造的，质量不错，价格也比较适中；日本原产的印台色彩丰富，造型也很多，但价格也较高。橡皮章爱好者可以根据自己的经济情况购买。

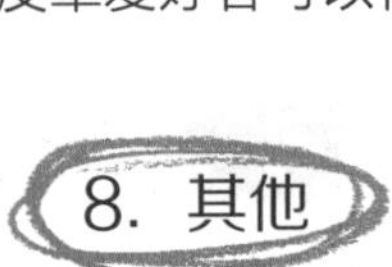

8. 其他

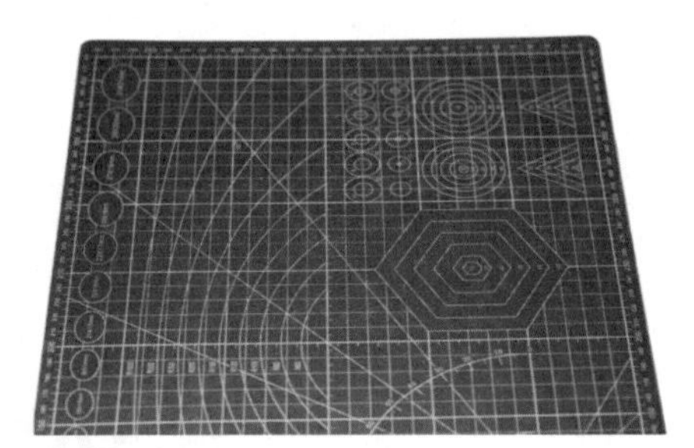

还有切板、刷子、镊子、印泥清洗液等，视个人喜好和经济状况选择即可。

Part 2
基本技法

一、转印

转印就是将要雕刻的图案印在橡皮上，如果是简单的图案，可以直接用铅笔画在橡皮砖上；如果是复杂的图案，或者绘制者没有手绘功底，就可以借助此方法将图案转印在橡皮上。

01 准备好要拓印的图案和硫酸纸。

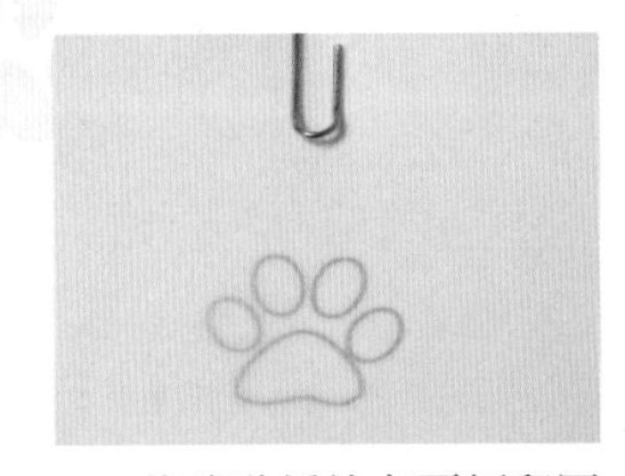

02 将硫酸纸放在要拓印图案的上面固定好。

03 用铅笔描出图案。

04 将描好图案的硫酸纸放在橡皮砖上，用手固定住。要注意，描线的一面面对橡皮。

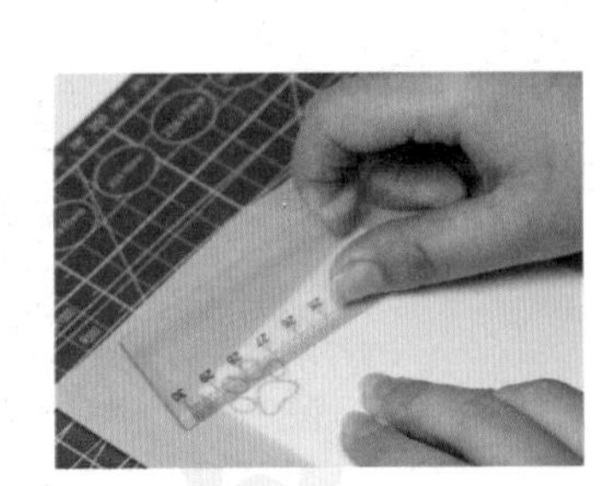

05 用尺子或者勺子用力刮压硫酸纸，使图案充分地印到橡皮上，注意不要把硫酸纸刮破。

06 把硫酸纸揭下后。就算转印好了，接下来就可以雕刻了。

二、用刀

在雕刻之前，先熟悉一下刻刀。虽然已经了解了每种刻刀的用途，但是不经过实践是无法了解手感的，所以，在雕刻之前要先练习一下，熟悉一下雕刻的手感和刀具的使用方法。

01 笔刀握法：刀刃向上执刀，倾斜40°插入橡皮，用手腕的力量推动刀尖。

02 笔刀握法：刀刃向下执刀，倾斜40°插入橡皮，用手腕的力量推动刀尖。

03 丸刀用法：倾斜插入橡皮，用手腕的力量推动刀尖挖去留白部分。

04 角刀用法：倾斜插入橡皮，用手腕的力量推动刀尖挖去多余部分。

三、阴刻

01 笔刀倾斜40° 插入橡皮。

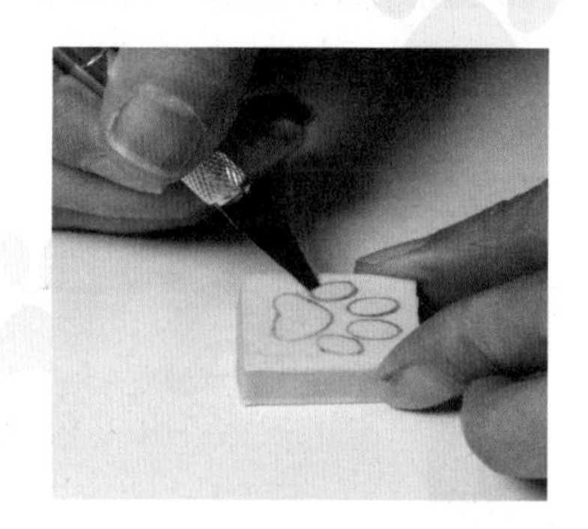

02 沿铅笔痕迹旋转笔刀（像挖土豆一样）。

03 旋转后，多余的留白部分可用镊子轻松捏出。

04 小面积的留白部分都使用同一种方法挖出。

05 大面积留白部分，笔刀倾斜40° 插入橡皮，沿红色箭头方向刻出一条边沿线。

06 沿蓝色箭头，在红色箭头切口的对面切第二条边。

07 切好后如图所示。

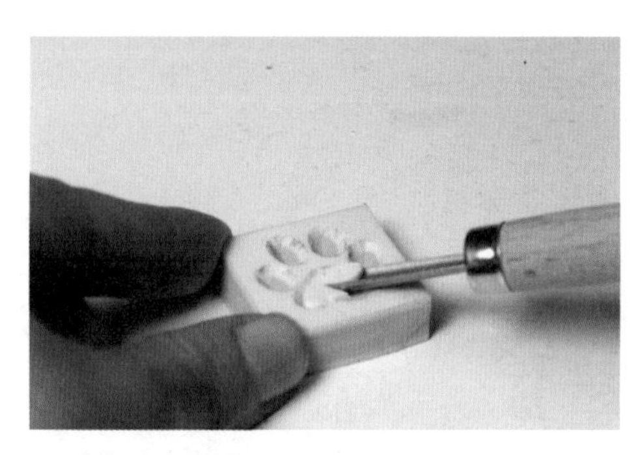

08 用丸刀剔除大面积留白部分。

09 最终得到如图所示图案。

四、阳刻

01 笔刀倾斜40° 插入橡皮，沿红色箭头方向刻出第一条边。其余的边都可这样操作。

02 沿蓝色箭头，在红色箭头切口的对面切第二条边。

03 完成之后，可用刀尖挑出多余的废料，可看到呈“V”形的沟槽。

04 用同样的方法刻其他几个图形，使其都呈“V”形沟槽

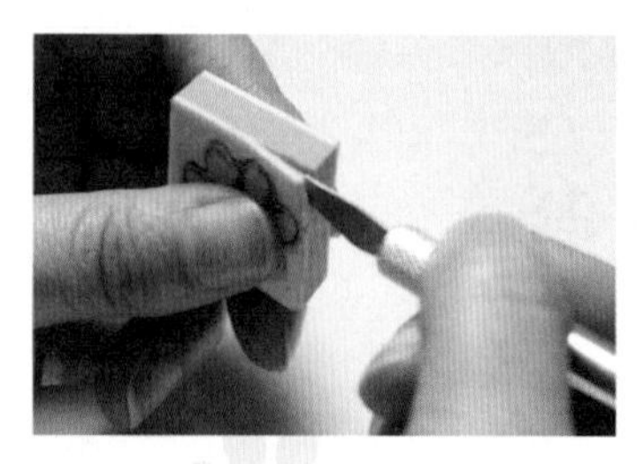

05 美工刀与刻章面保持平行，去除图案外围留白的部分。

06 完成后的刻章如图所示。

五、搓衣板留白

01 首先准备一块长方形的橡皮砖。

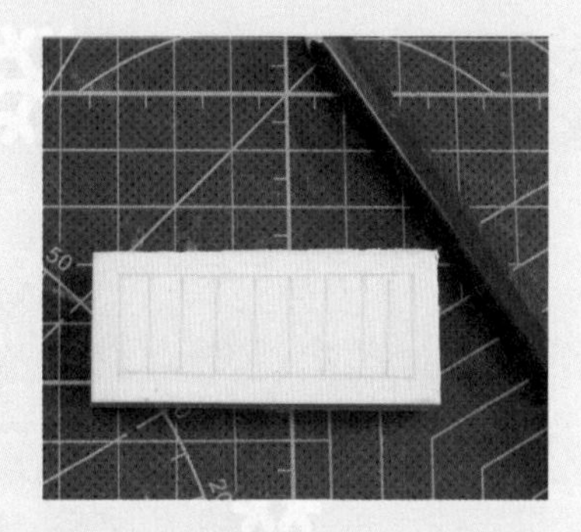

02 在橡皮砖上画出边缘线和平行线，留白大小和疏密程度可由个人的喜好决定。

03 先沿着所画的边缘线下刀，刻刀要与橡皮章砖持90°角，然后开始下刀。注意走刀要平稳，放慢速度。

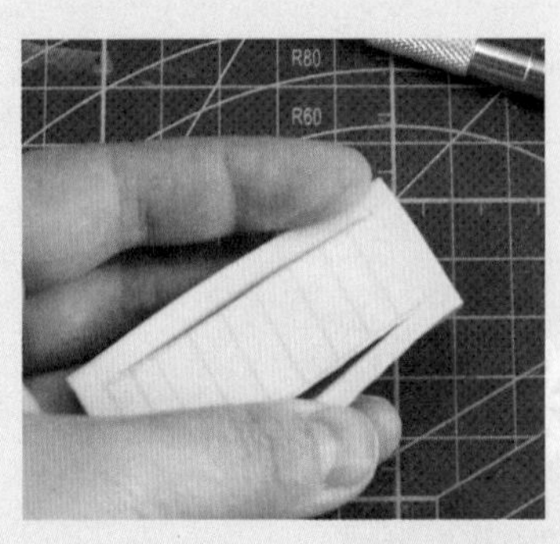

04 刻边缘线时，要尽量刻得深些，这样在后面挖橡皮时会更好处理。

05 沿着边缘线呈45°角倾斜，再次下刀加深边缘线。

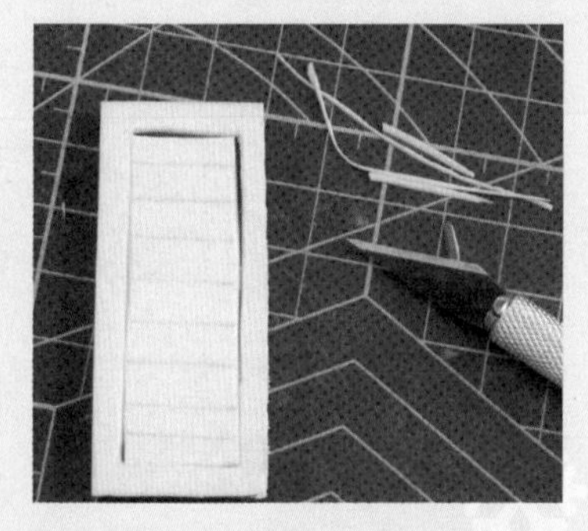

06 接着清理出边缘切割下来的长条边角料。

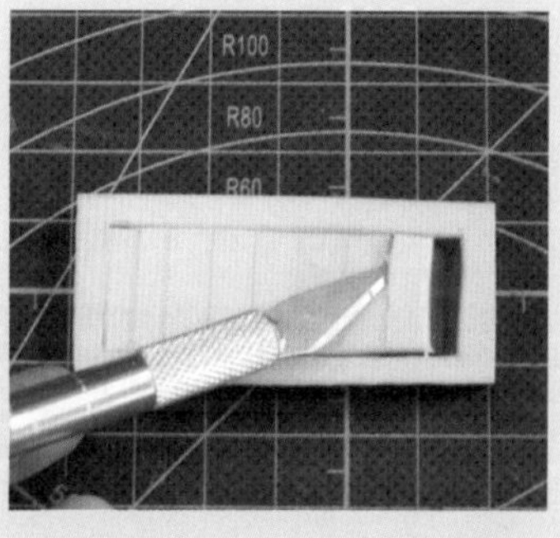

07 开始切“搓衣板”的形状。沿着第一条平行线，倾斜下切，这样可以和前面的刀痕相连，直接挖出一条直废料。

08 若废料不能直接脱落，也不要强行拉扯，重新沿着下刀口补刀就好了，不然会影响边缘的平整。

09 接着按同样的方法沿着第二条线倾斜着下刀。

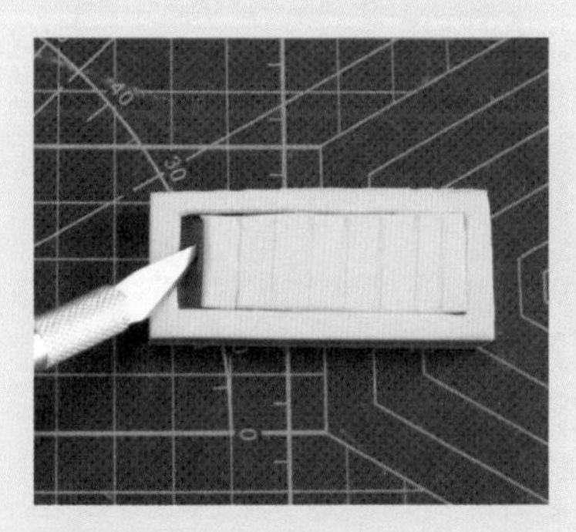

10 然后反过来走第二刀，下刀点是之前切出的V形凹槽内壁的中间位置，刀要保持走直线。

11 接着切第二块废料。完成后，再翻过来沿着画好的平行线重复切割，就可得到一块“搓衣板”留白了。

12 切好的“搓衣板”如图所示。

六、玫瑰花留白

用时 0.5 小时

难度 ★★☆☆☆

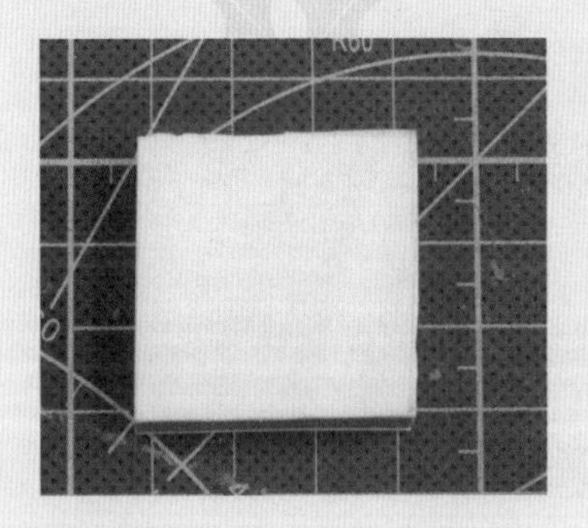

01 首先准备一块方形的橡皮砖。

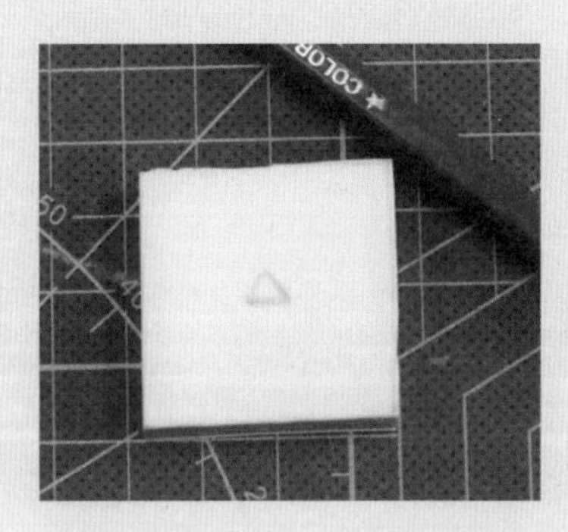

02 用铅笔在橡皮砖的中心画一个小三角形。

03 沿着三角形的边缘倾斜下刀，尽量刻得深些。

04 三条边都刻完后，就可以挖出一整块三角形凹槽了。

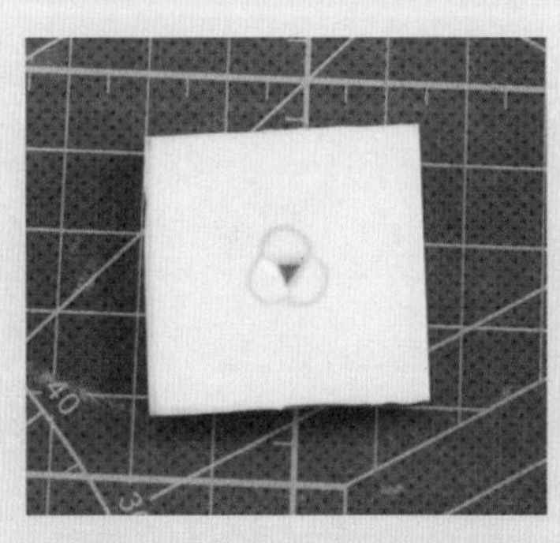

05 以三角形的每条边为直径，各画一个半圆。

06 沿着半圆的轨迹刻出弧形。刻半圆时，可以固定好刀的角度和位置，然后旋转橡皮砖。

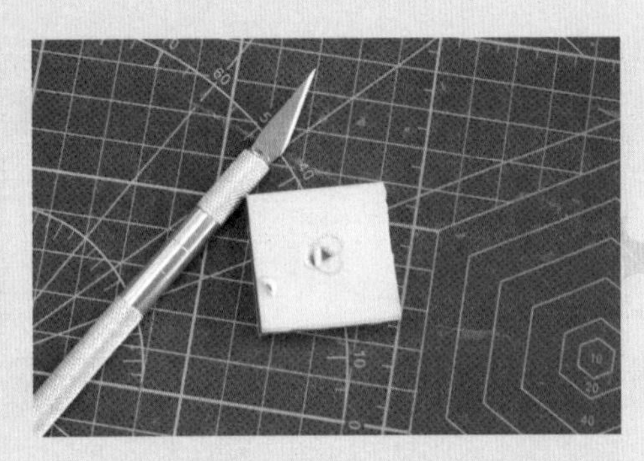

07 然后在弧形刀口的对面，沿所对应的三角形的边线反刻一刀，之后就可挖出一块半圆形凹槽。

08 再用同样的方法，沿着所画的半圆挖出另两块花瓣出来。

09 继续按照这个方法向外增加花瓣，挖出的半圆也会越来越大。

10 完成的效果如图所示。

七、平留白

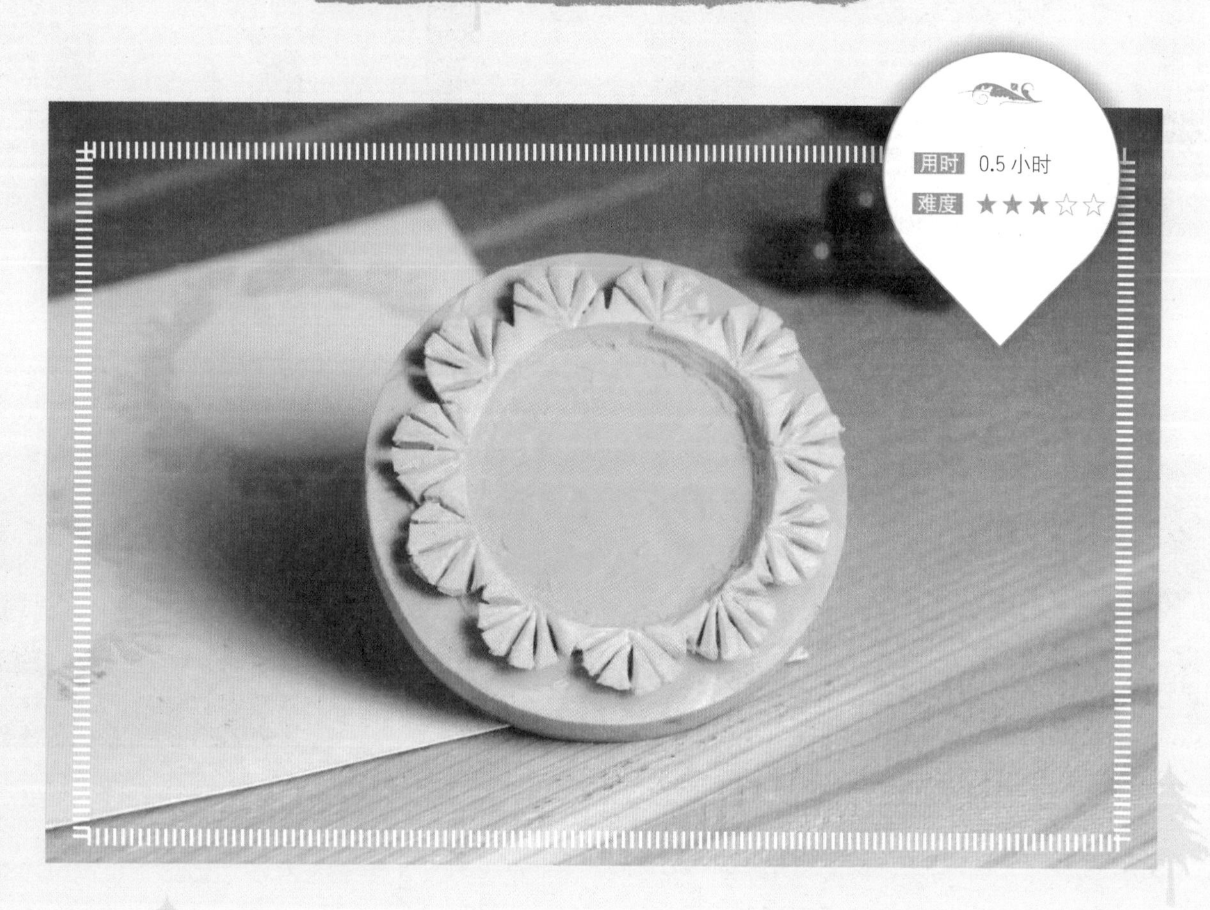

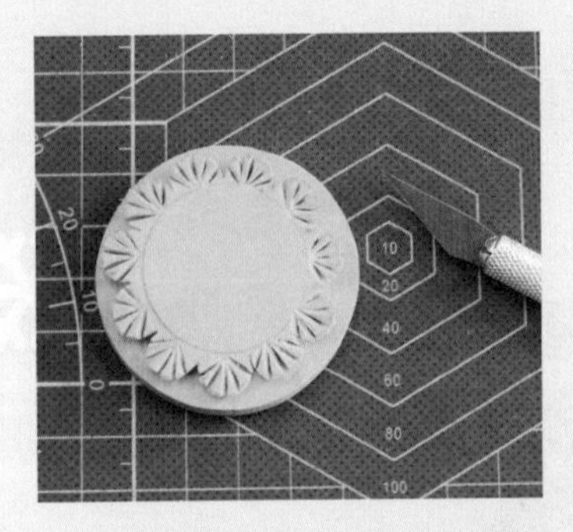

01 我们在这块待完成的橡皮章上示范平留白的技法。

02 先用丸刀挖取中间需要留白的部分。

03 中间部分可以大块地铲除，使内部低于外部花环图案。

04 然后用丸刀沿着圆的内边缘推出多余的橡皮，加深内留白的深度。

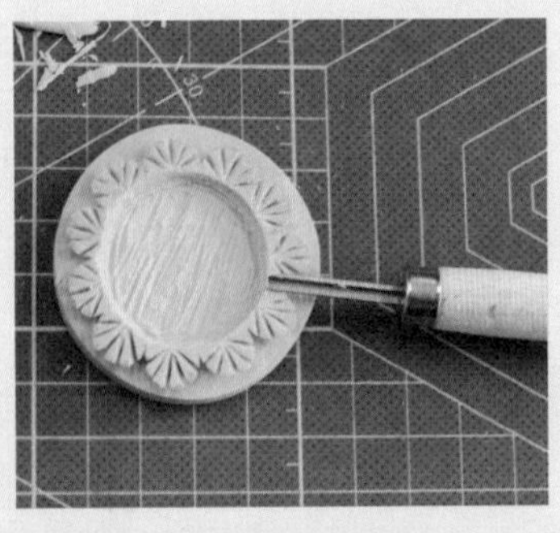

05 再用小角刀铲除细小的凸起部分。

06 最后用平刀把角刀铲到的留白边缘和没有削掉的碎屑推平，清理干净。

Part 3 创作精美的印章

奇妙的天气

01 除了用铅笔直接在橡皮砖上画外，还可以在网上找到喜爱的图片转印出来。

02 把硫酸纸放在打印出来的云朵图案上，然后用铅笔沿着印记，在硫酸纸上描出云朵的图案。

03 把橡皮砖压在硫酸纸上，并完全覆盖住图案后按压橡皮砖。再把橡皮砖拿开翻过来，就能清晰地看见云朵了。

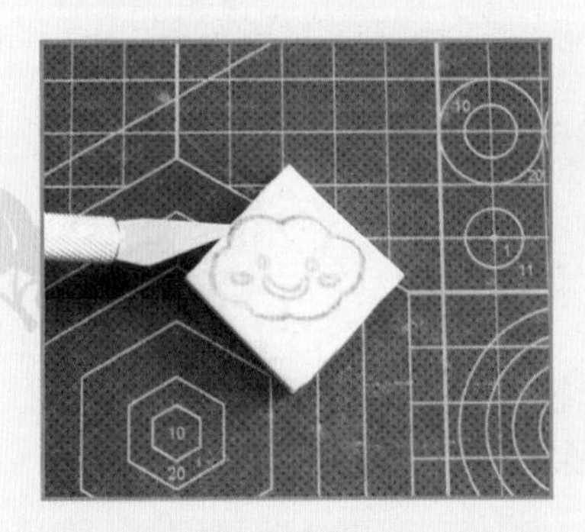

04 用刻刀倾斜约40° 插入橡皮，沿着云朵的轮廓线走势开始下刀，刻的时候不要着急，慢慢用腕力推动刀尖儿前进。

05 接着用同样的方法刻云朵内的表情轮廓。

06 用“U”形的丸刀挖取云朵内多余的部分。先选取大号的丸刀，把远离五官部分的大块留白挖掉。

07 然后用小号的丸刀仔细挖取五官周围的留白。

08 挖五官周围时，一定要小心处理，如果失误把五官挖掉，就功亏一篑了。

09 如图所示是处理完五官周围留白后的样子。

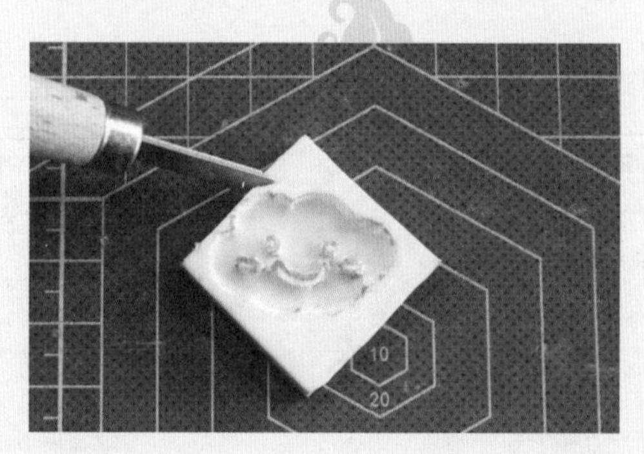

10 在之前切过的轮廓线外2mm处，沿着轮廓线条切刀。笔刀依然保持40° 倾斜，切线走向要与之前的切口保持平行。

11 接着除去橡皮砖外圈不要的部分。刻刀要始终与橡皮砖表面保持平行，控制好力度切割云朵以外的部分。

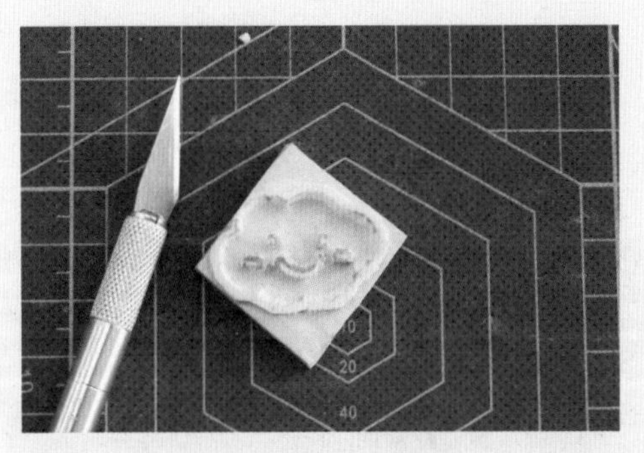

12 如图所示为切割掉外部留白部分后的印章，此时印章已经基本完成。

13 接着给刻章上印泥。需要注意的是，别用橡皮章去按压印泥，要用印泥轻拍橡皮章表面。

14 把橡皮章放在纸上均匀用力按压，得到如图所示图案。

卡通兔子

用时 0.3 小时

难度 ★★☆☆☆

01 首先截取一块大小合适的橡皮砖。

02 用铅笔在橡皮砖上画出一个卡通兔子的图案。

03 用笔刀沿着所画的外圆圈开始切割。要注意的是，下刀尽可能地用力，一次切到底。

04 除去切掉的部分，可以得到一个椭圆形的橡皮砖。

05 接着除去兔子轮廓以外不要的部分。刻刀要始终与橡皮砖表面保持大致平行，控制好力度进行切割。

06 然后用小号丸刀挖出眼睛、嘴巴和胡须的留白部分。

07 除去了多余留白后的橡皮章如图所示。

08 最后用最小号的丸刀清理图案边缘和五官处不平整的部分，以使印出来的图形更加清晰美观。

09 然后就可往橡皮章上面拍印泥了。

10 完成后的兔子头像。

盛开的夏荷

01 由于图案比较复杂，选择用转印法把图案印在橡皮砖上。

02 如图所示是转印后的橡皮砖。

03 转印得到的图案会不清晰，因此可以再次用铅笔把不清晰的线条描深一些。

04 把笔刀倾斜约40° 插入橡皮，依图案走势刻出莲花的外圈轮廓。

05 如图所示，刻完后可以看见深深的轮廓线。

06 用最小号的丸刀推出每朵花瓣的轮廓和纹路，推的力度要保持均匀。

07 如图所示为推完了轮廓线后的样子。

08 然后把笔刀从侧面插入橡皮章，去除莲花外面不要的外留白。此期间笔刀始终与橡皮砖的表面保持平行。

09 如图所示为去除了外留白后的橡皮章。

10 最后用笔刀加深莲花中纹理的深度，这个过程要小心仔细，不要割断了纹路。

11 如图所示为完成后的橡皮章。

12 然后选择印泥，把印泥拍在橡皮章表面，均匀按压，就可印出如图所示的漂亮图案。

精致的羽毛笔

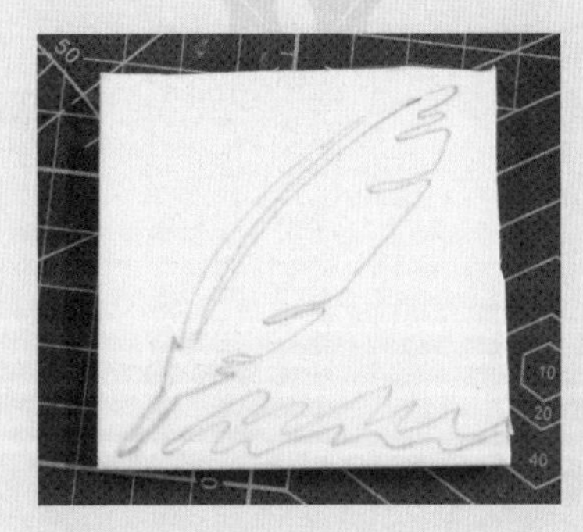

01 首先用铅笔在一块正方形的橡皮砖上面画出羽毛笔和笔迹的图案。

02 用笔刀倾斜40° 角，沿着所画图形的边缘线下刀，刻出外轮廓。

03 用同样的方法刻出笔迹的外轮廓。

04 接着用笔刀从侧面垂直切割所画图形以外的轮廓。

05 切割完后，可轻轻把轮廓外的留白剥离掉。

06 细小的地方可以用丸刀和角刀辅助剥离。

07 再用角刀把外留白的部分清理得更加平整。

08 完成后如图所示。

09 把印泥轻拍在印章上面。

10 羽毛笔图案的留言专用印章就完成了。

纯色花环

01 先用铅笔在白色A4纸上把要刻的图案画出来。

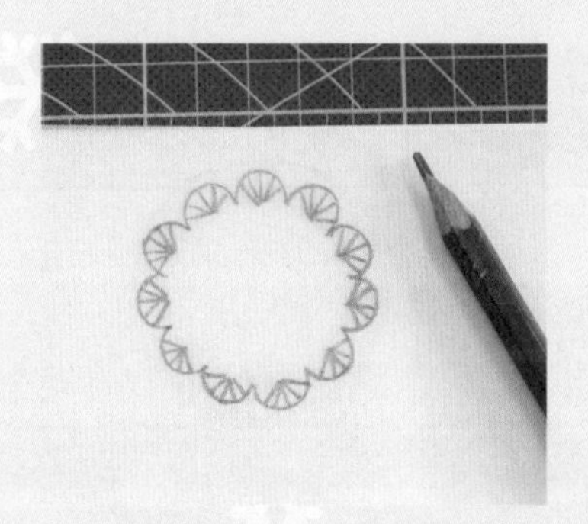

02 接着把硫酸纸放在画好的图案上面，用铅笔沿着花环印记将其描在硫酸纸上。

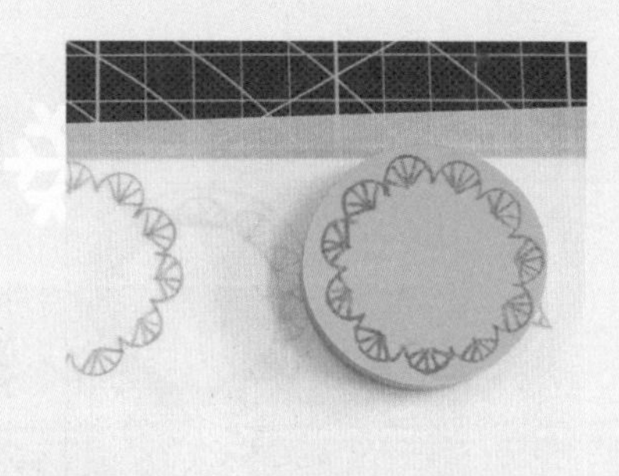

03 然后把硫酸纸的图案转印到圆形的橡皮砖上。

04 用圆规在橡皮砖上紧靠在花环的内部画一个圆圈。

05 用笔刀倾斜40° 按着内圆的轮廓开始切割。

06 再用同样方法切割外花环的轮廓。

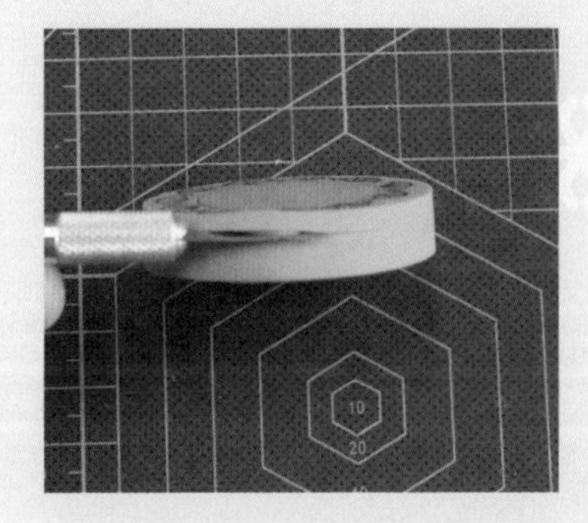

07 用笔刀从侧面垂直切割花环外面的部分。

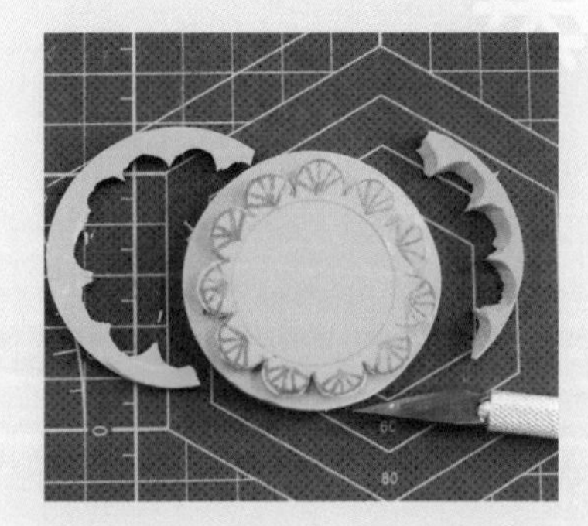

08 切割完毕后，即可拿掉外圈的留白部分。

09 如图所示，用小角刀推掉花瓣纹理的部分。

10 再用角刀加深纹理部分的刻痕。

11 用丸刀、角刀刻中间的内留白部分。

12 首先用丸刀推掉中间大部分的留白。

13 然后用丸刀沿着圆的内边缘推出多余的橡皮，加深内留白的深度。

14 用角刀继续耐心地把之前丸刀挖留白时残留的凸起推平。

15 用平刀把角刀铲到的留白边缘和没有削掉的碎屑推平，清理干净。

16 最后即可得到一个花环般的印章了。

17 成品如图所示。

圆点花边

用时 0.2小时

难度 ★☆☆☆☆

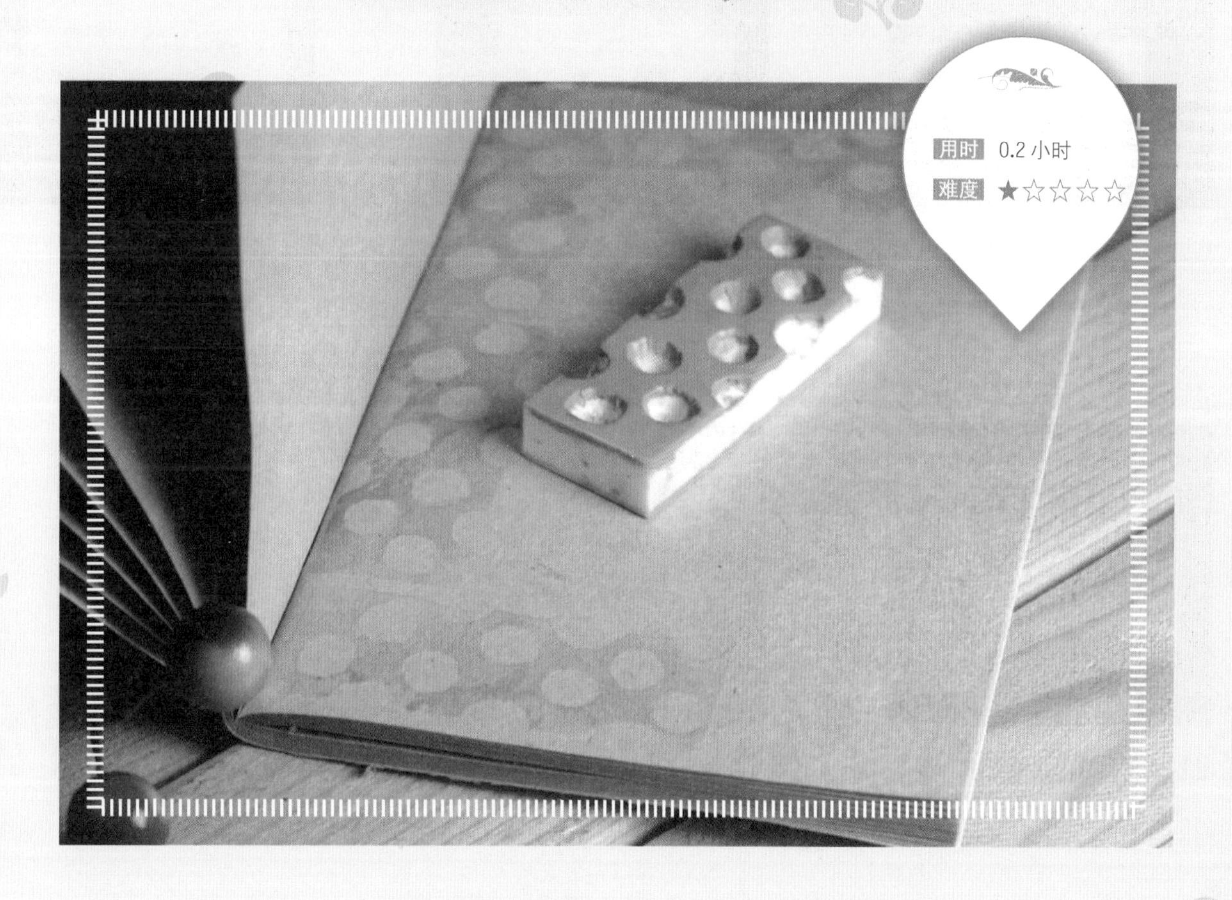

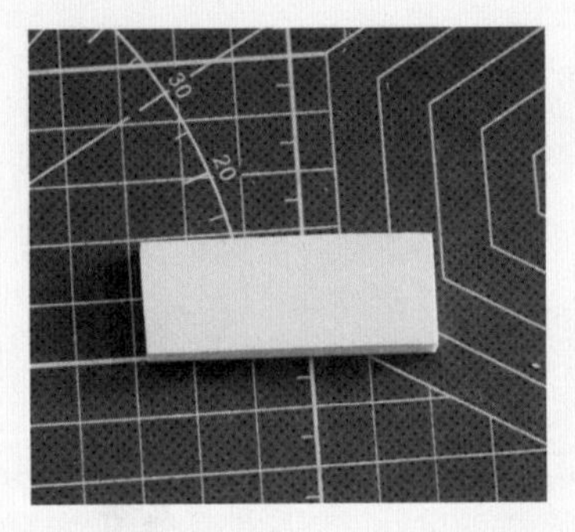

01 首先准备一块长方形橡皮砖。

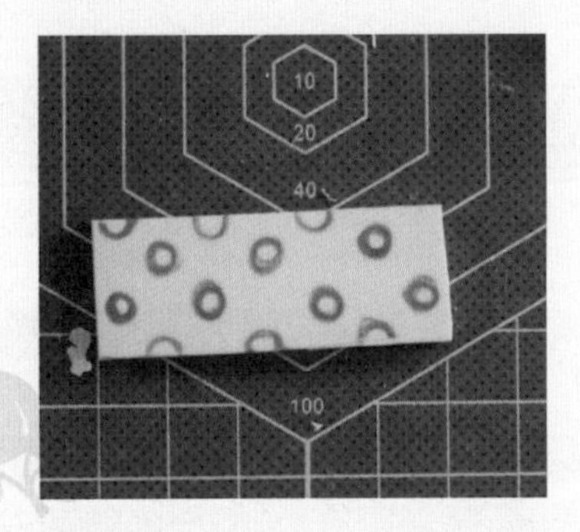

02 如图所示，在上面画上有规律的圆形。

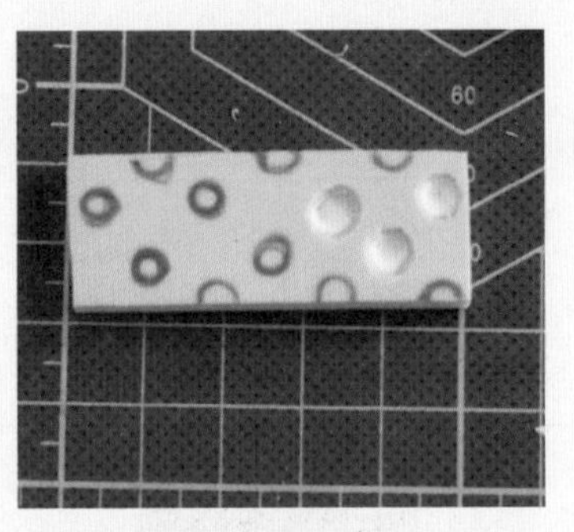

03 然后用笔刀以旋转的方式把圆圈挖出来。

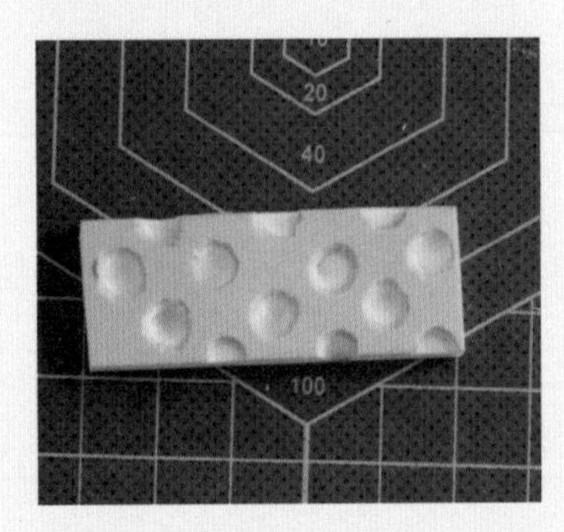

04 挖出的成品如图所示。

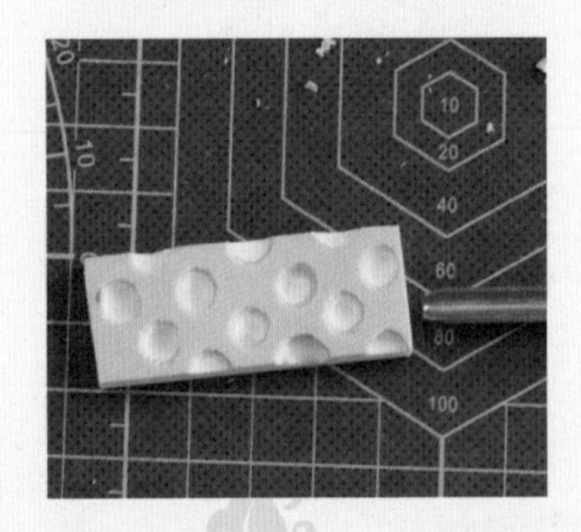

05 再用丸刀对挖出的圆洞加以修饰，使形状大小相同。

06 印章的成品如图所示。

兔子写真

01 首先准备一块长方形橡皮砖。

02 如图所示，用铅笔在橡皮砖上画上图案。

03 用笔刀倾斜40° 角，沿着图案的边缘轮廓下刀。

04 再用小角刀推割出所有的轮廓线和胡子的凹痕。

05 轮廓线的完成图如图所示。

06 把笔刀用旋转的方式抠出兔子眼睛的瞳孔部分。

07 如图所示，用小角刀沿着兔子的眼睛轮廓部分推出凹痕。

08 再用笔刀切割出图案中的三角形花纹部分。

09 用丸刀以推线条的形式推出橡皮章的外留白部分。

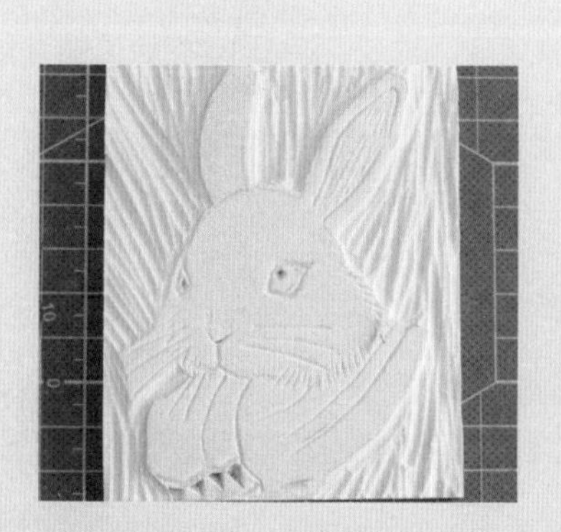

10 以上为完成后的橡皮章。

11 再把印泥轻拍在橡皮章上，即可印出可爱的兔子头像了。

多彩几何花纹

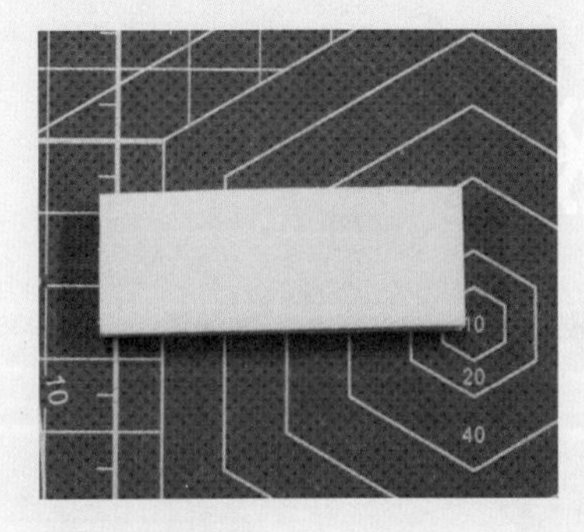

01 首先准备一块小的长方形橡皮砖。

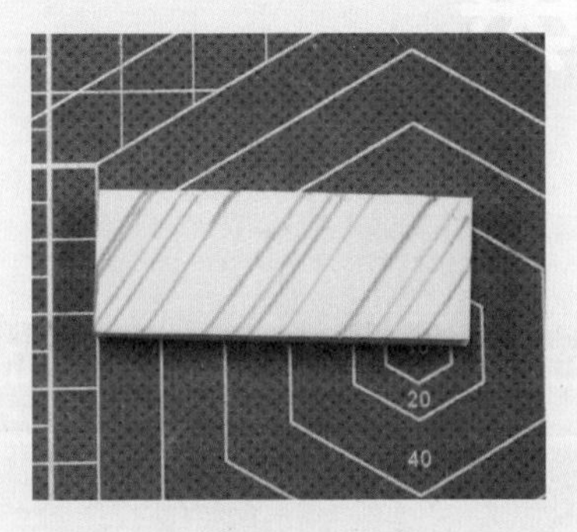

02 如图所示，倾斜着在橡皮砖上画出平行线段。

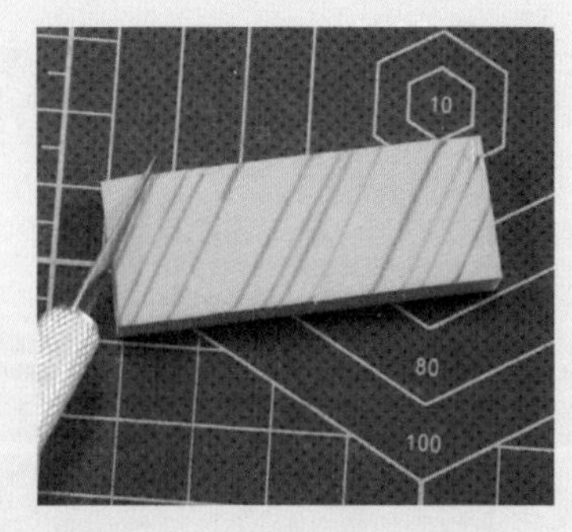

03 用笔刀垂直切出平行线轮廓，注意不要切断。

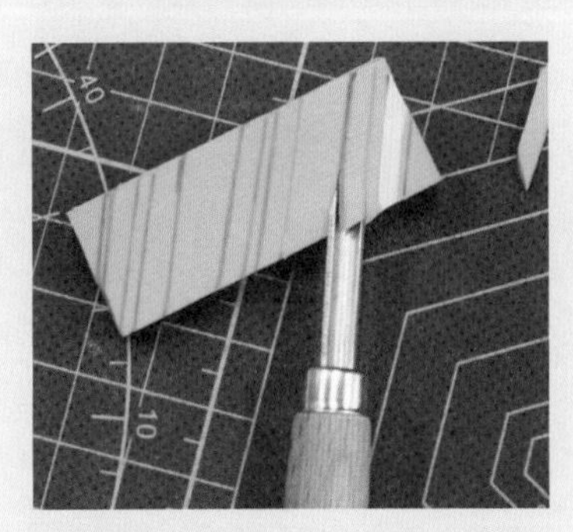

04 用丸刀推出相隔的平行线组成的平行四边形。

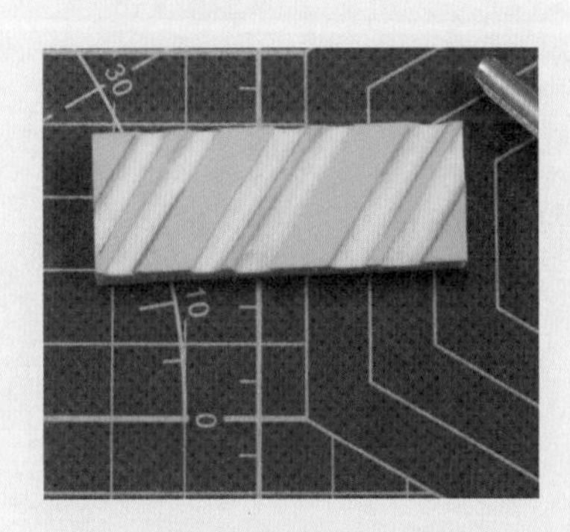

05 如图所示为完成后的样子。

06 最后得到的彩色的条纹印章如图所示。

彩色海浪纹

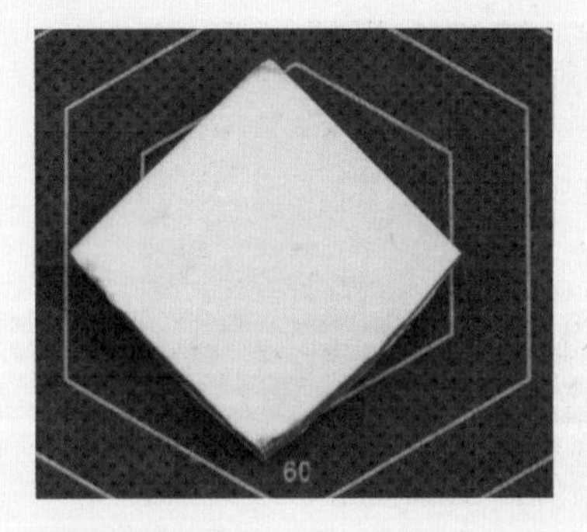

01 首先准备一块类似于正方形的橡皮砖。

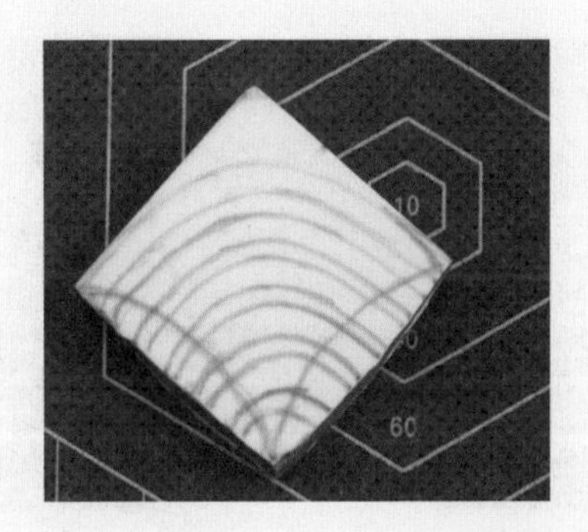

02 在橡皮砖上画上需要雕刻的图形。

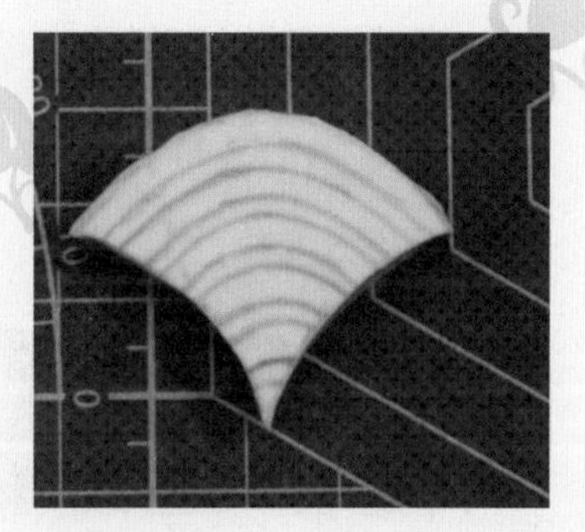

03 如图所示，先用笔刀把海浪的轮廓切出来。

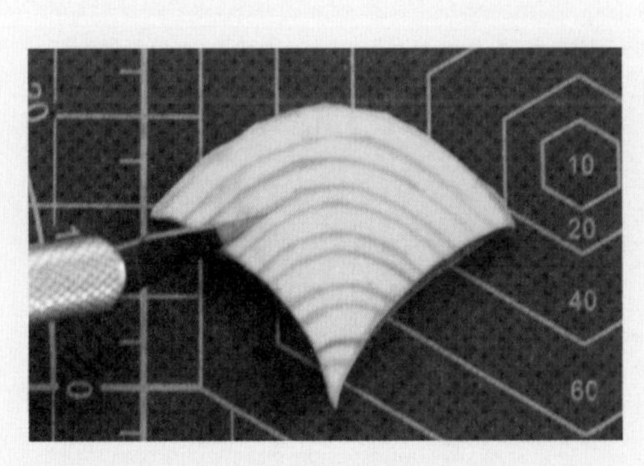

04 沿着所画的弧线段切割。

05 以上为切割完成的样子。

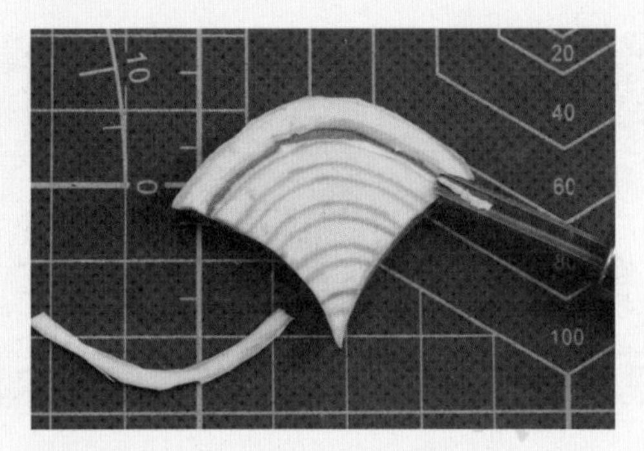

07 用小号角刀推掉相隔的线段条。

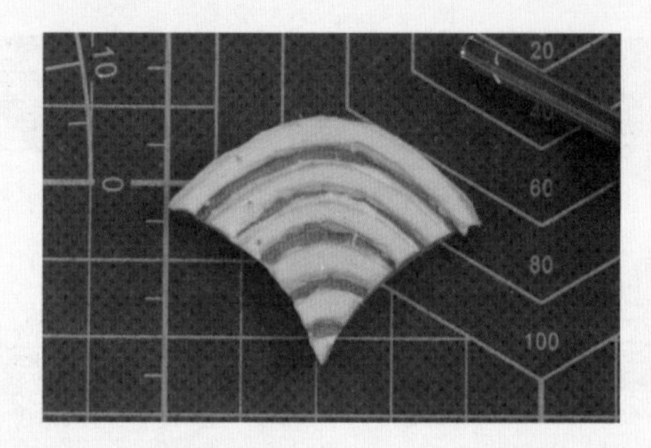

08 以上为完成的样子。

09 最后选择蓝色的印泥轻拍在橡皮章上。

10 海浪纹风格的章印就跃然纸上了。

绿色植物花边

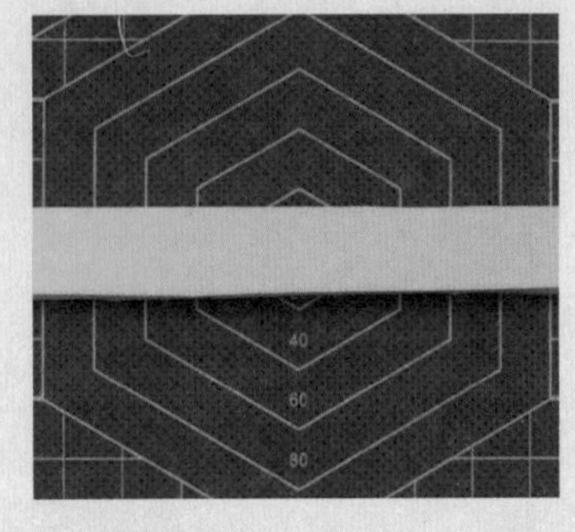

01 首先准备一块长条矩形橡皮砖。

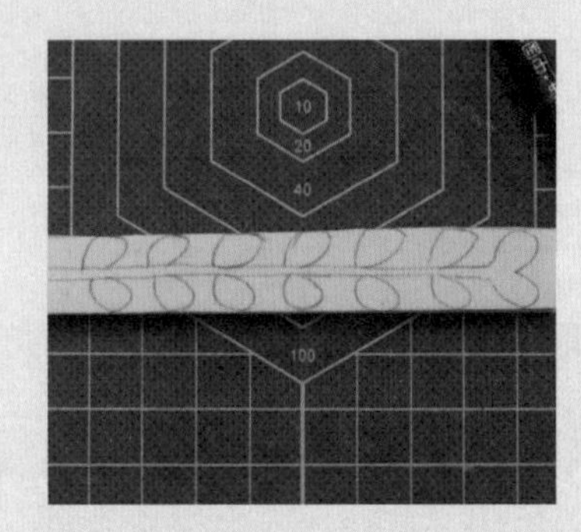

02 在橡皮砖上画上所需的植物图案。

03 用笔刀以40° 角倾斜，切割植物的轮廓线。

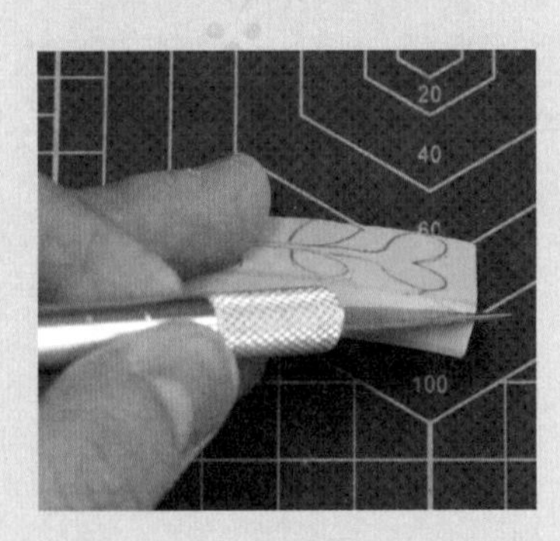

04 用笔刀从侧面与橡皮砖垂直切割植物轮廓的外留白。

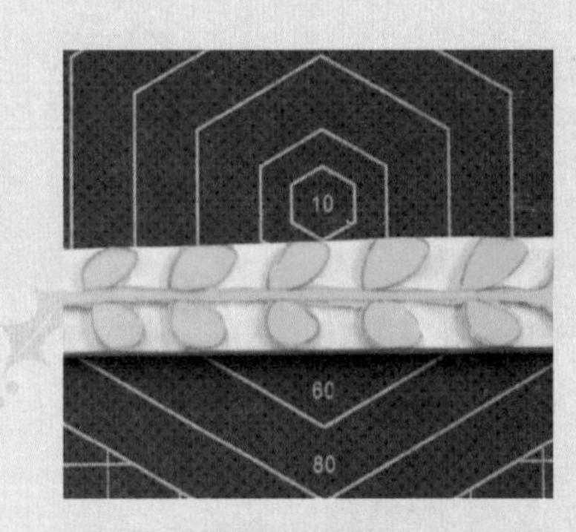

05 接着把切割完的外留白去除掉。

06 如图所示为完成后的橡皮章和章印。

三叶草便签

用时 0.4 小时

难度 ★★☆☆☆

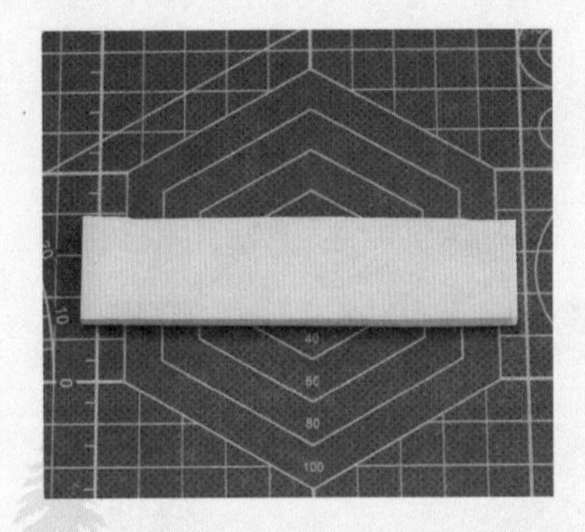

01 准备一块长条矩形橡皮砖。

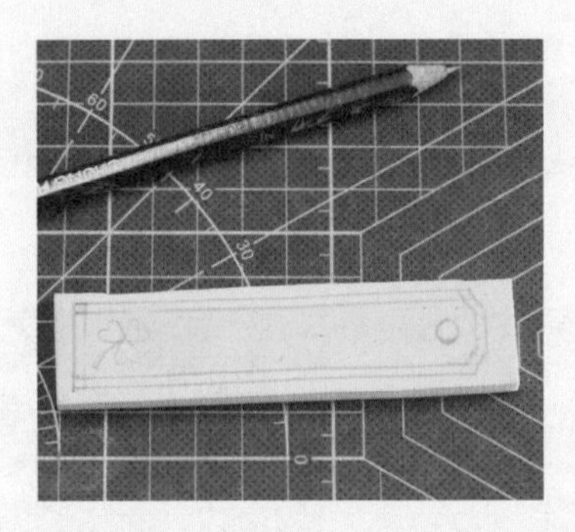

02 如图，用铅笔画出所要刻的图案。

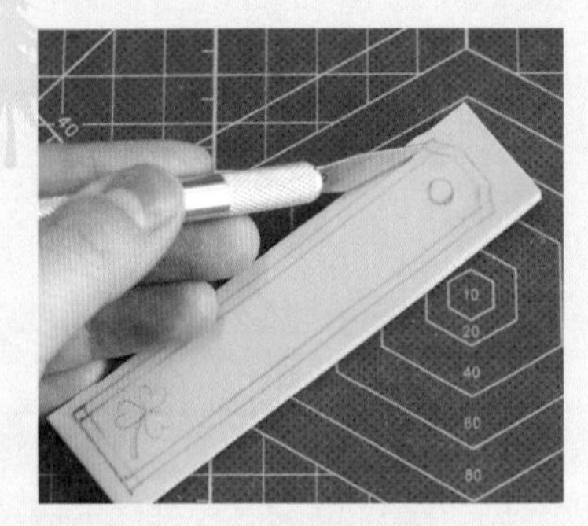

03 用笔刀沿着铅笔所画的外轮廓，呈约40° 角倾斜下刀切割。

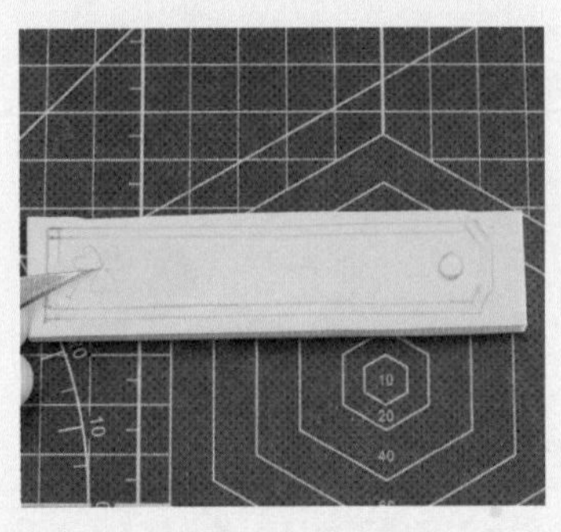

04 切割方框里面的叶子轮廓，记住也要保持倾斜的角度。

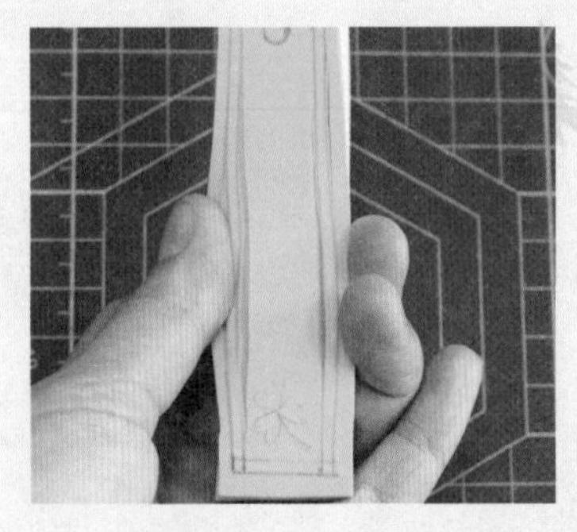

05 如图所示是切割完后的样子。

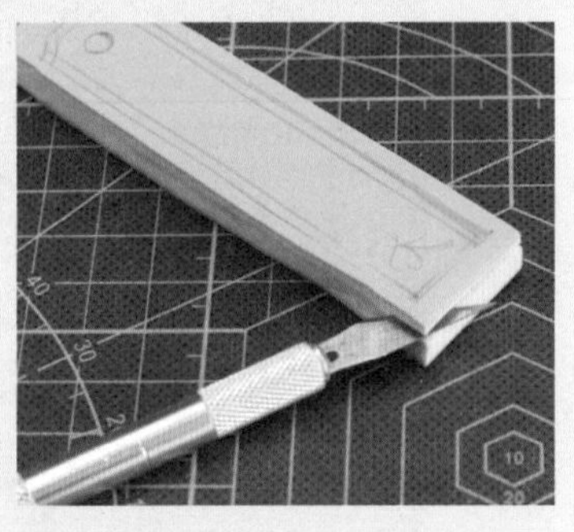

06 使笔刀与橡皮砖表面保持平行，切割图案以外的部分，以得到外留白。

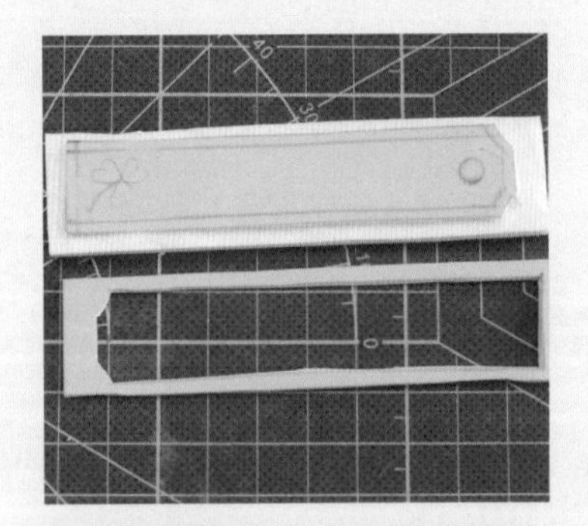

07 如图所示为去除了外留白后的样子。

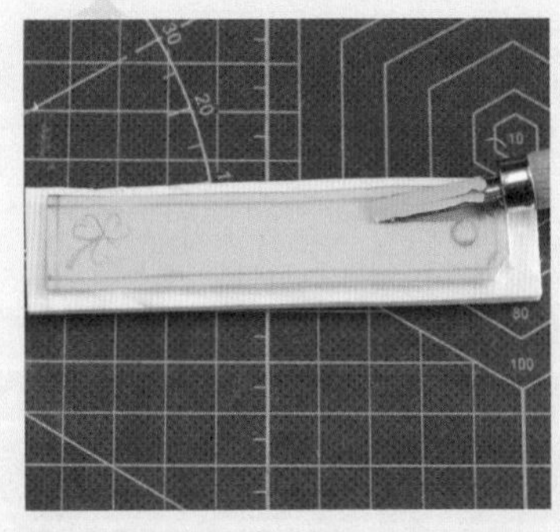

08 接着用丸刀铲除所画图形内部需要留白的部分。

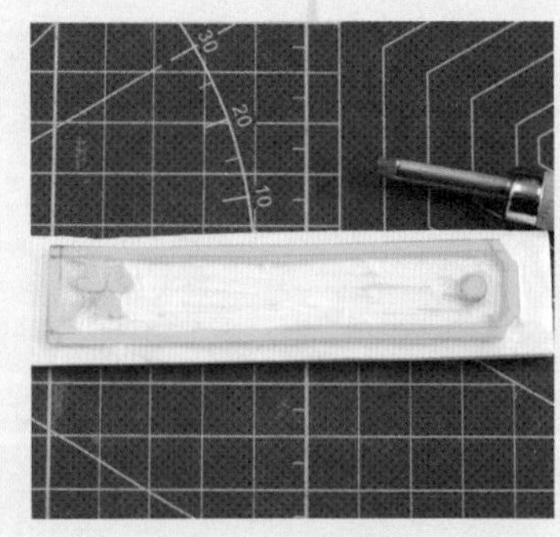

09 大致铲除内部留白后的样子。

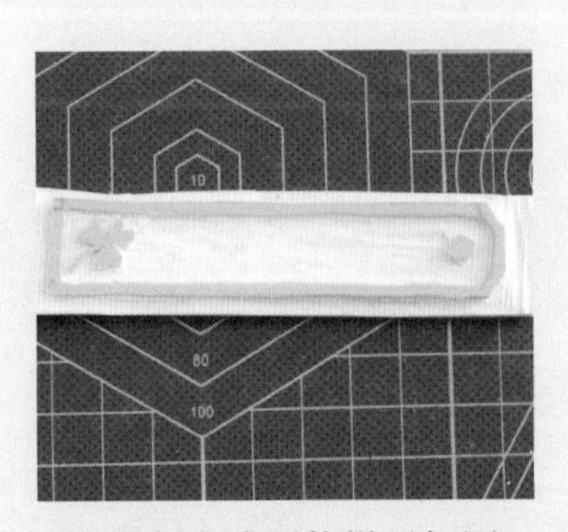

11 雕刻完成后的样子如图所示。

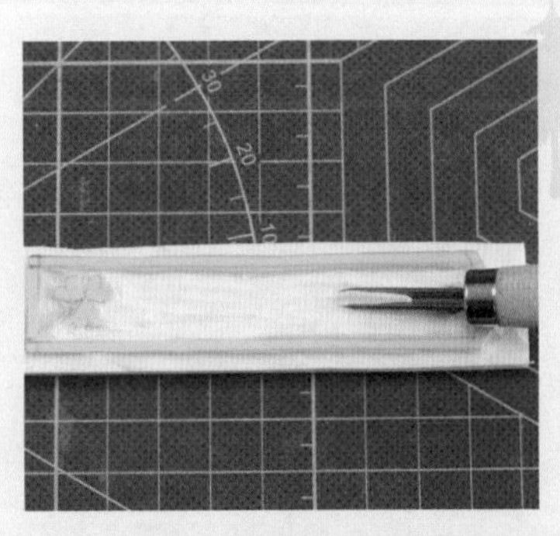

10 用小角刀继续修整内部留白的部分，使其看起来更加平整些。

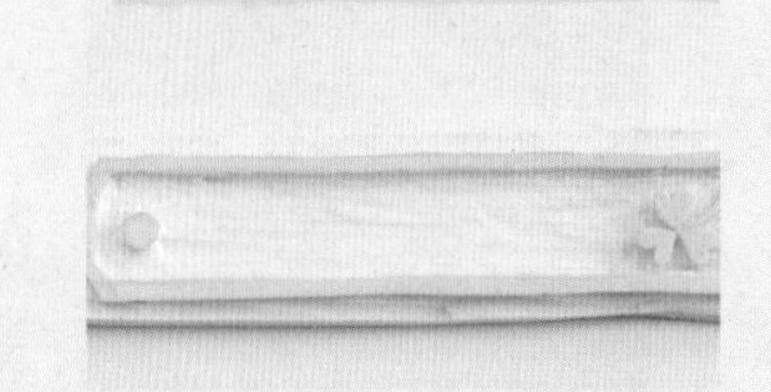

12 如图所示为完成后的印章和印章图案在纸上的样子。

温馨的圣诞树

用时 0.8 小时

难度 ★★★☆☆

01 首先准备一大一小两块不同规格的矩形橡皮砖。

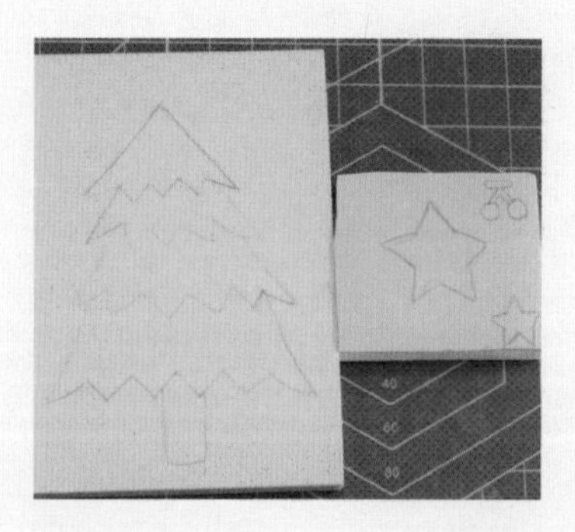

02 在橡皮砖上画上所需雕刻的图案。

03 用笔刀倾斜40° 角，沿着所刻图案的外轮廓开始下刀。

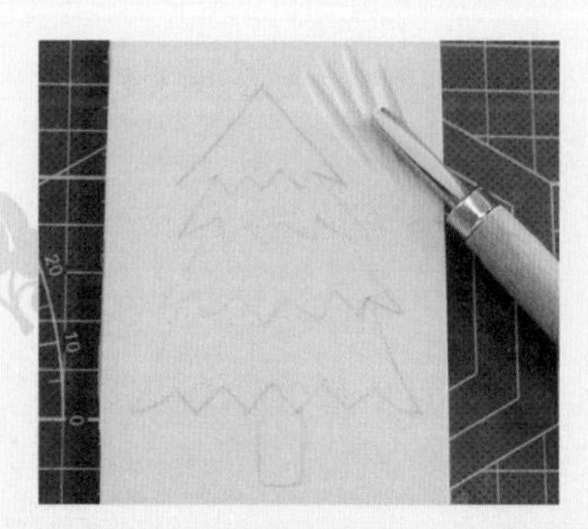

04 再用丸刀推细长条的方式，推出外留白的部分。

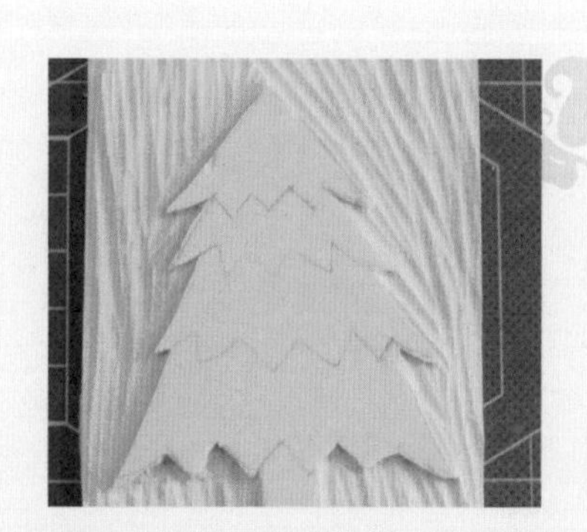

05 外留白完成后的样子。

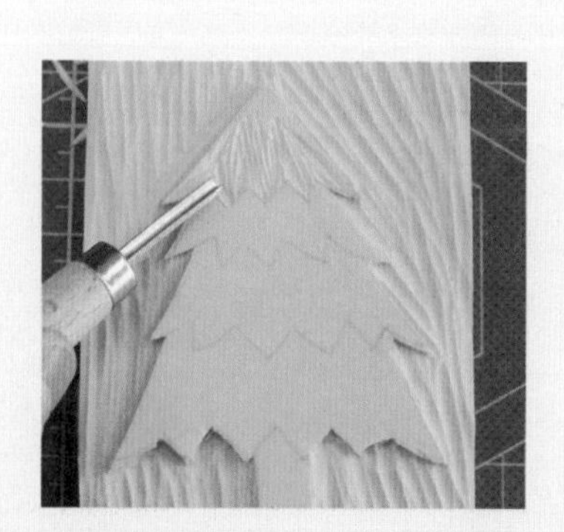

06 用小角刀细细推出圣诞树上的纹路部分。

07 圣诞树部分完成，如图所示。

08 下面开始雕刻装饰小物的部分，首先在小块的橡皮砖上画出图案的轮廓。

09 然后用笔刀沿着轮廓倾斜插入边缘切割，可得到一颗星星。

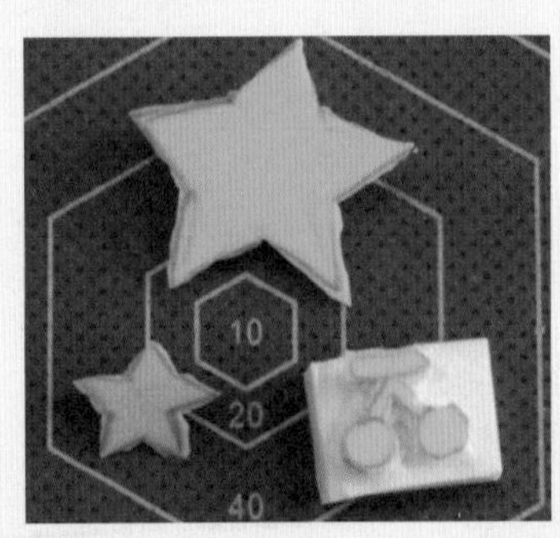

10 用同样的方法切割出其余两块装饰小物。

11 如图所示为雕刻完成后的橡皮章。

12 把不同颜色的印泥轻拍在刻好的橡皮章上，即可搭配印出可爱的圣诞树。

个性的糖果章

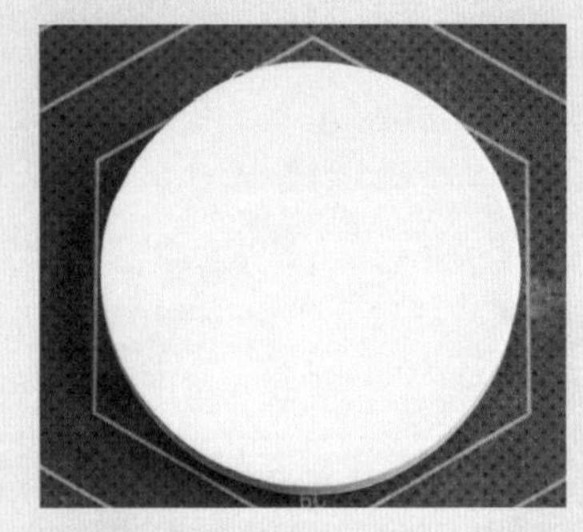

01 首先选取一块圆形的橡皮砖。

02 接着用铅笔画出糖果的形状。

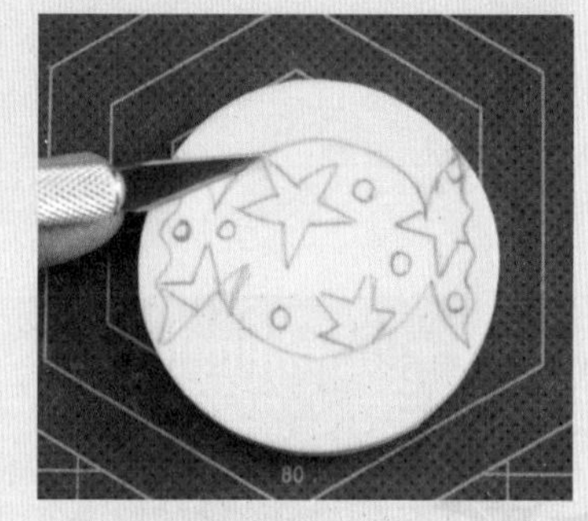

03 用笔刀呈40°角沿着所画糖果的外围边缘线下刀，刻出轮廓。

04 使笔刀与橡皮砖表面平行，控制好力度，切割糖果轮廓以外的部分。

05 如图所示为去除外留白之后的样子。

06 接着用角刀挖取糖果内的花纹。

07 注意在用角刀挖取内留白时，细心谨慎，不要挖坏了图案的形状，破坏了美感。

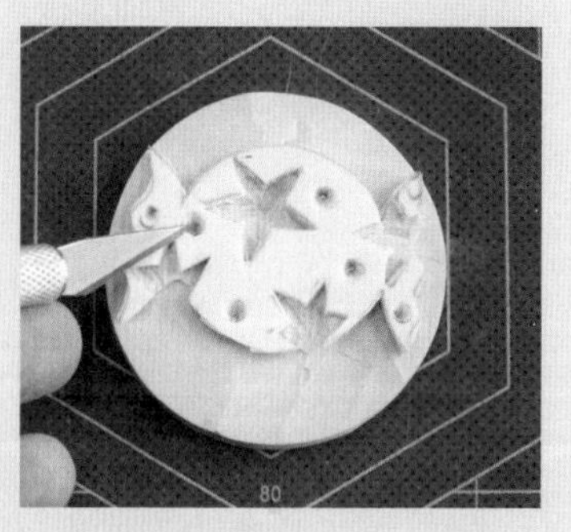

08 用笔刀以旋转的方式挖出圆形小洞。

09 最后把印泥拍在印章上面即可完成。

10 如图所示为完成后的橡皮章和章印样子。

开心邮戳

用时 0.7 小时

难度 ★★★½☆

01 选择一块正方形的橡皮砖。

02 用铅笔画出所需的图形，印章上所画的文字必须是与成品图呈水平翻转的，这样印出来的文字才会是正面的。

03 接着用笔刀呈40° 角沿着所画图形的外轮廓下刀。

04 保持笔刀与橡皮砖表面平行，并切割图形以外的部分。

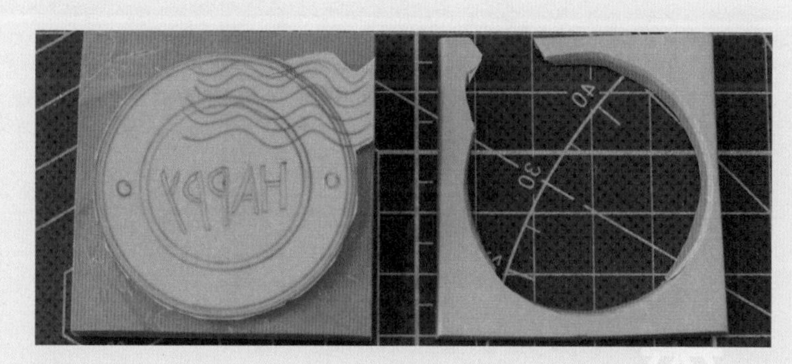

05 如图所示为把外留白切割完毕后的样子。

06 用小角刀沿着所画的纹路推进，割除邮戳上的曲线部分。

07 继续用角刀和丸刀挖出最里侧的文字轮廓，字母部分很容易就会切断，所以下刀时要慢中求稳。

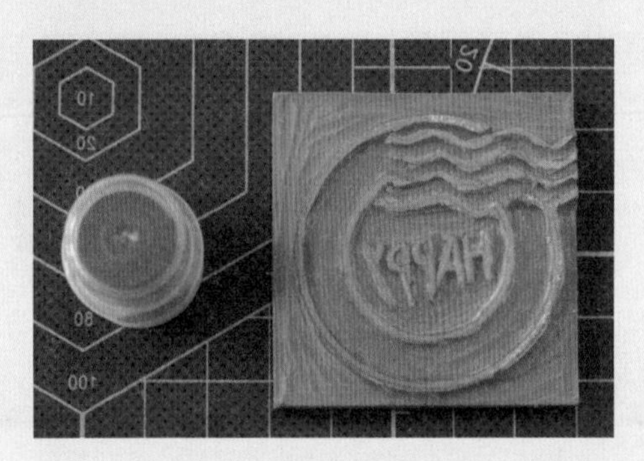

08 最后把选择好的印泥轻拍在印章表面。

09 如图所示为印在纸上的邮戳图。

娇滴滴的草莓

用时 0.7 小时

难度 ★★★⯪☆

01 首先选择一块圆形的橡皮砖。

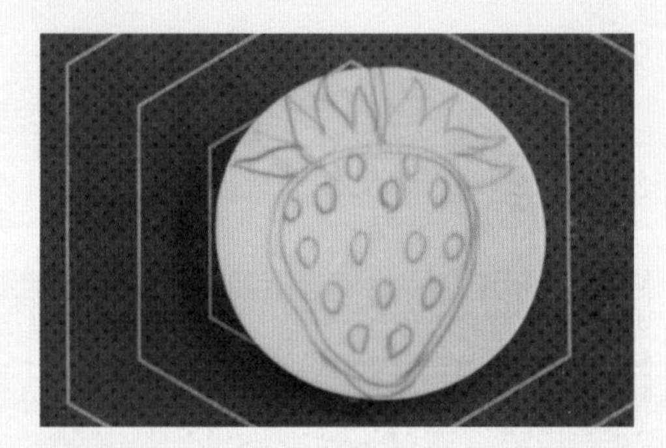

02 在橡皮砖上面画上草莓的图案。

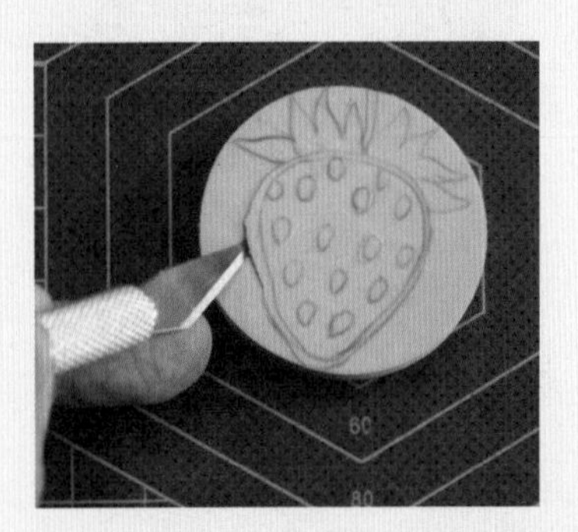

03 用笔刀以倾斜40° 角沿着图案的外轮廓开始下刀。

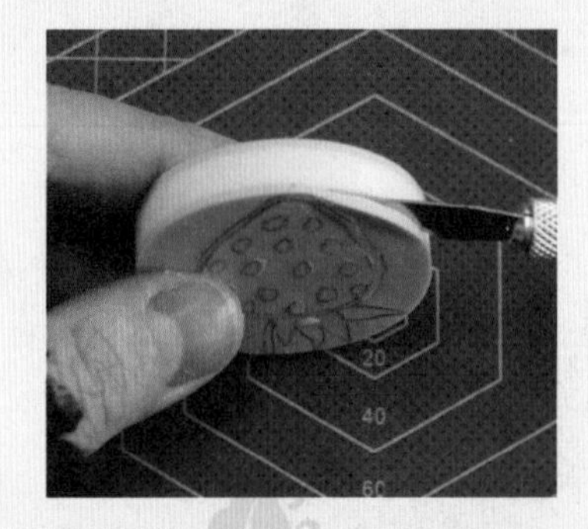

04 使笔刀与橡皮砖表面保持平行，切割图形轮廓以外的部分。

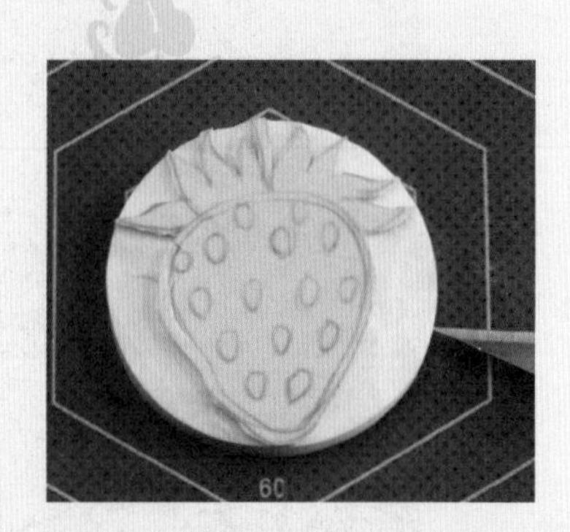

05 如图所示为切割完外留白部分后的样子。

06 再用小角刀铲除草莓内部除草莓籽外的部分。

07 在铲除草莓内部时，一定要注意避免铲掉草莓籽，用刀时要平稳小心。

08 完成后再把印泥轻拍在草莓的表面。

09 如图所示为印在白纸上的印章图案。

埃菲尔铁塔

用时 1.2小时
难度 ★★★★☆

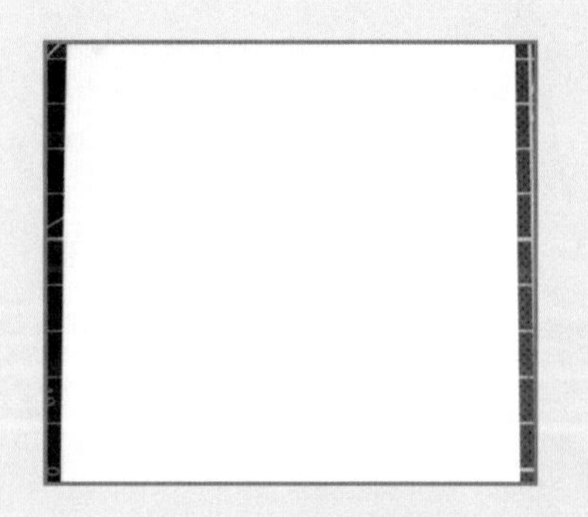

01 选择一块白色的橡皮砖。

02 在橡皮砖上面画上埃菲尔铁塔的图案。

03 用小角刀按铁塔的轮廓图铲出铁塔和周围建筑的形状。

04 如图所示为铲完轮廓后的样子。

05 用笔刀加深所铲的轮廓，这样会使最终印在纸上的图案更清晰。

06 如图所示为加深完轮廓后的样子。

07 用铅笔在图形的外围部分画上平行的线条，以刻铁塔外留白。

08 刻完铁塔留白后，再用丸刀铲去铁塔内部留白部分。

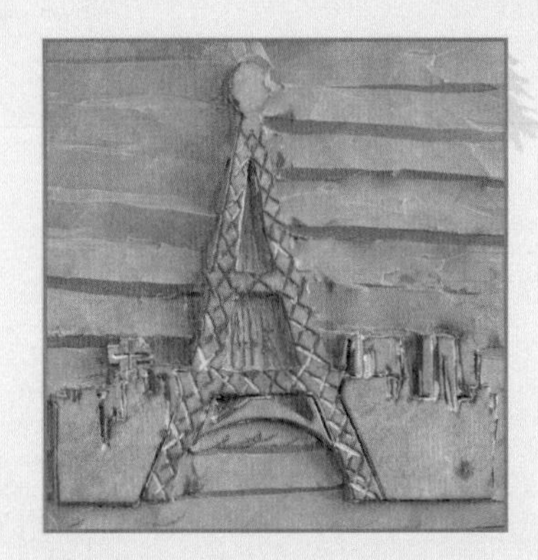

09 全部完成后，用印泥轻拍在印章上面。

10 如图所示为印在白纸上的印章图案。

生机盎然的植物组合

用时 1 小时

难度 ★★★★☆

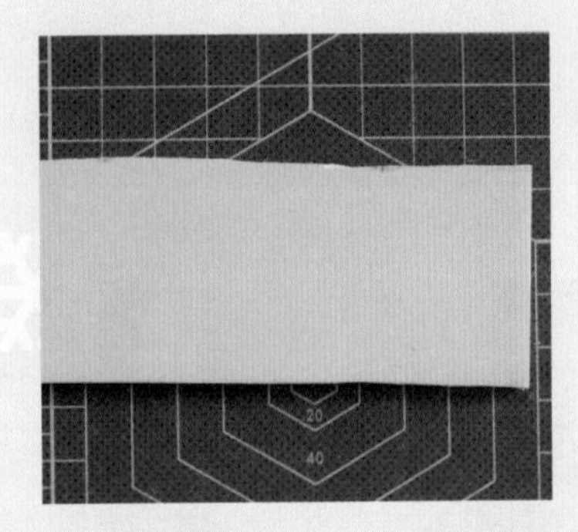

01 首先选择一块长方形的橡皮砖。

02 用铅笔画出所要雕刻植物的图形。

03 用笔刀倾斜40° 角沿着所画植物的轮廓线下刀。

04 切完轮廓后的样子如图所示。

05 使笔刀与橡皮砖表面保持平行，切割叶子以外的部分。

06 切割后的外留白部分可直接拿掉。由于叶子的轮廓比较复杂，所以有些细小的部分可用丸刀或小角刀铲除。

07 铲除外留白后，继续用小角刀沿着叶子内部的纹路铲出叶子的茎叶部分。

08 如图所示为雕刻完成后的样子。

09 选择一块绿色的印泥，轻拍在印章的表面。

10 如图所示为印章印在纸上的样子。

鲤鱼年画

用时 1.5 小时

难度 ★★★★★

01 准备一块正方形的橡皮砖。

02 用铅笔在橡皮砖上面画出所要雕刻的图形。

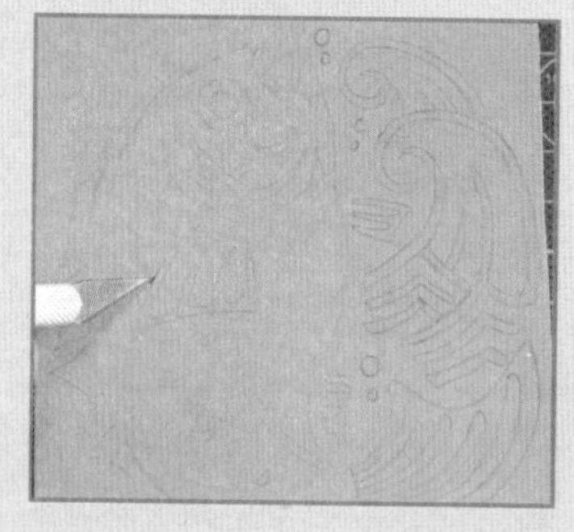

03 用笔刀呈40° 角倾斜，沿着图案的轮廓下刀，切割出内外所画的轮廓部分。

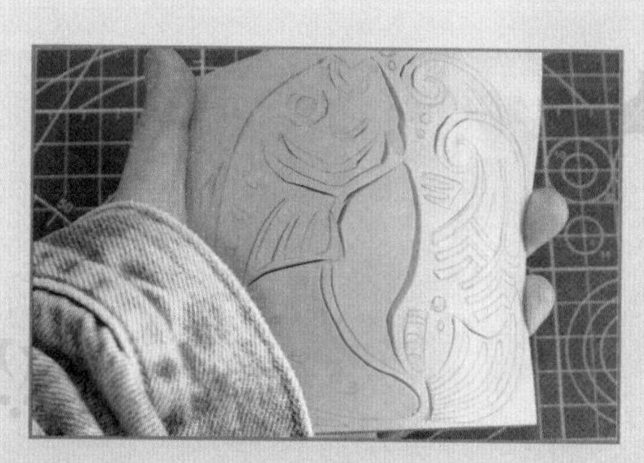

04 如图所示为切割完成后的样子。

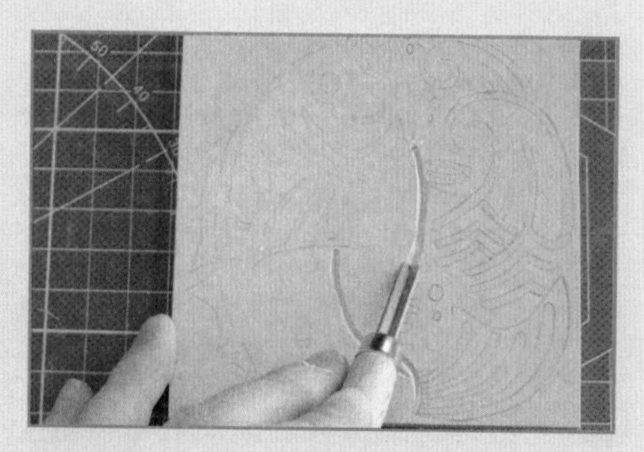

05 再用小角刀沿着轮廓线推割出鱼的左边轮廓部分。

06 如图所示为鱼的轮廓线凹槽完成后的样子。

07 用笔刀侧切橡皮砖的留白部分。

08 侧切完成后，去除外留白部分。

09 用角刀切割推出整个图需要的凹槽部分，包括鱼身上的斑纹、鱼尾、浪花等部分。

10 用丸刀以推长条的方式推割出外轮廓部分。

11 如图所示为整个印章完成后的样子。

12 把选好的印泥轻拍在印章表面。

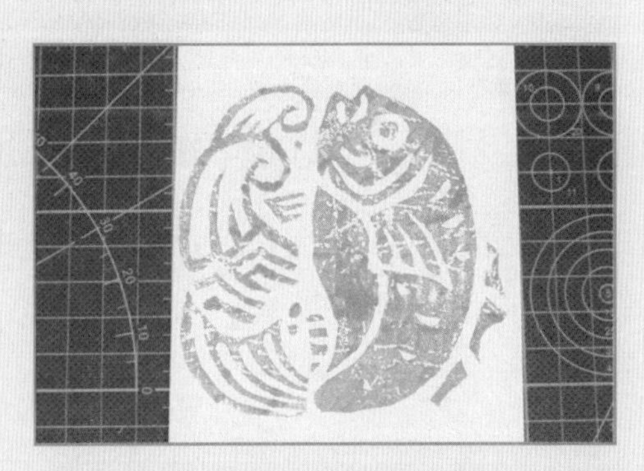

13 如图所示为印章印出的传统的年画鲤鱼图案。

植物纹窗花

01 准备一块长方形橡皮砖。

02 用铅笔画出所需的纹样。

03 用笔刀或小刀沿着图案外圆的轮廓，把橡皮砖切割成一个圆形。

04 如图所示为切割掉不需要的轮廓后得到的圆形橡皮砖。

05 用笔刀以旋转的方式挖出图形上的小圆圈。

06 如图所示为小圆圈凹槽完成后的样子。

07 用笔刀沿着叶子的轮廓部分倾斜切割，并挖出叶子留白部分。

08 用小角刀推出树枝枝干的凹陷部分。

09 如图所示为切割完成后的印章。

10 选择你喜欢的印泥颜色轻拍在印章上面，即可得到一块植物纹窗花印章。

11 如图所示为印章印出的植物纹窗花图案。

雅致的雏菊

用时 1.5 小时

难度 ★★★★★

01 准备一块长方形橡皮砖。

02 用铅笔画出雏菊的形状。

03 用小角刀沿着花瓣的轮廓线推出凹槽。

04 用小角刀抠出花蕊的不规则部分。

05 如图所示为花朵轮廓线和花蕊边缘线凹槽完成后的样子。

06 用笔刀以旋转的方式抠出花蕊上的圆形凹陷部分。

07 如图所示为花蕊部分的完成图。

08 用笔刀沿着雏菊的整个外轮廓倾斜切割。

09 用丸刀以推长条的方式推出橡皮砖的外留白部分。

10 在推外留白时要尽可能均匀地推出，以雏菊为中心点，使外留白的长条呈发散状，以增强美观。

11 如图所示为整个印章完成后的样子。

12 用不同颜色的印泥分别给雏菊的花瓣、花蕊、花枝拍上不同的颜色。

13 如图所示为印章在纸上印出的彩色雏菊。

简洁的数字章

用时 0.4小时

难度 ★★☆☆☆

01 准备一块长方形的橡皮砖。

02 用铅笔在橡皮砖上画出数字水平翻转后的样子。

03 用笔刀保持倾斜角度，沿着数字的边缘线下刀，刻出数字的轮廓。

04 笔刀与橡皮砖表面保持平行，切割轮廓线以外的部分，并把外留白部分去除。

05 用丸刀挖出部分数字中心的留白部分。

06 如图所示为整个数字部分完成后的样子。

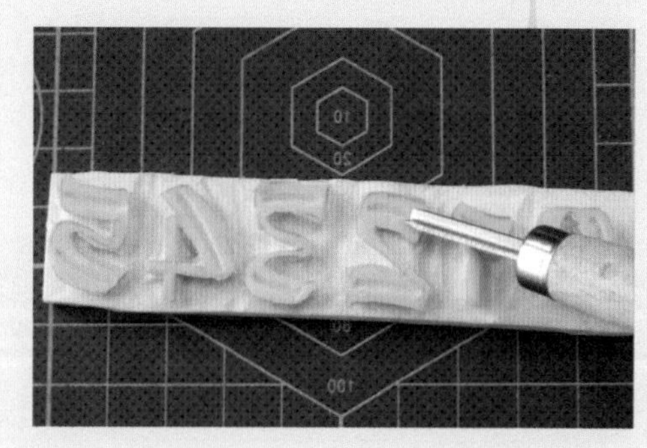

07 再用角刀在组成每个数字的线段的中心线上推出凹痕，这样可增强最后印在纸上的图章的美感。

08 把选择好的印泥轻拍在雕刻好的数字上。

09 如图所示为印章印在纸上后的样子。

感谢语印章

01 选择一块圆形的小橡皮砖。

02 把需要的文字“THANK YOU!”水平翻转后的样子写在橡皮砖上。

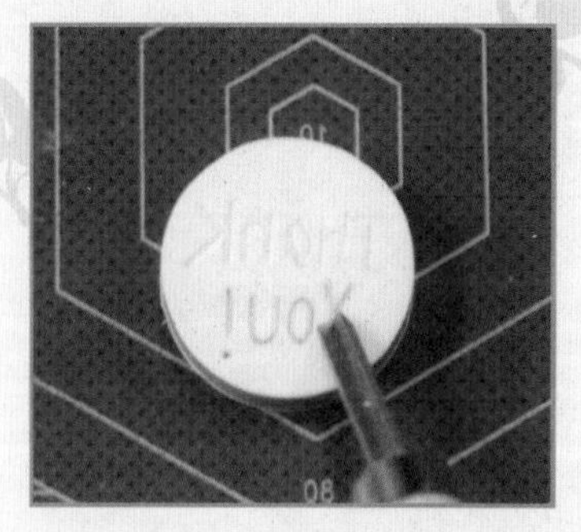

03 用小角刀沿着所写的字母笔痕推出字母的轮廓线。

04 再用笔刀沿着轮廓线加深雕刻痕迹。

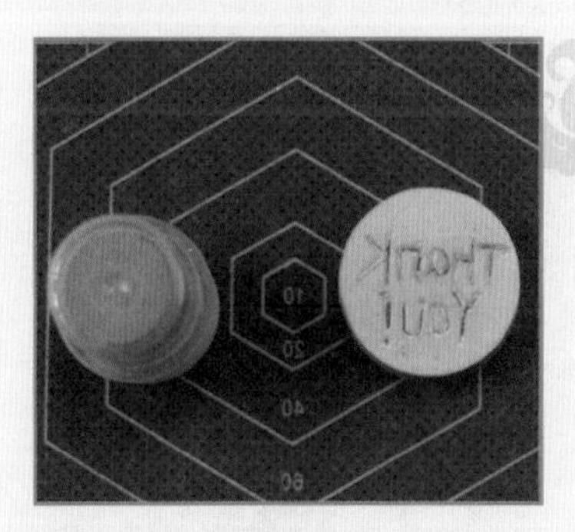

05 把选择好的印泥轻拍在印章表面。

06 如图所示为完成后的印章印在纸上的样子。

Part 4
橡皮章的
图案素材

1 埃菲尔铁塔

2 爱情标语

3 草莓

4 传统写意

5 动画场景

6 俄罗斯套娃

7 莲

8 复古扇子

9 花边组合

10 花枝芽

11 猫头鹰

12 玫瑰

13 年画——鲤鱼

14 鸟

15 千纸鹤

16 裙子与帽子

17 孙悟空

18 天气

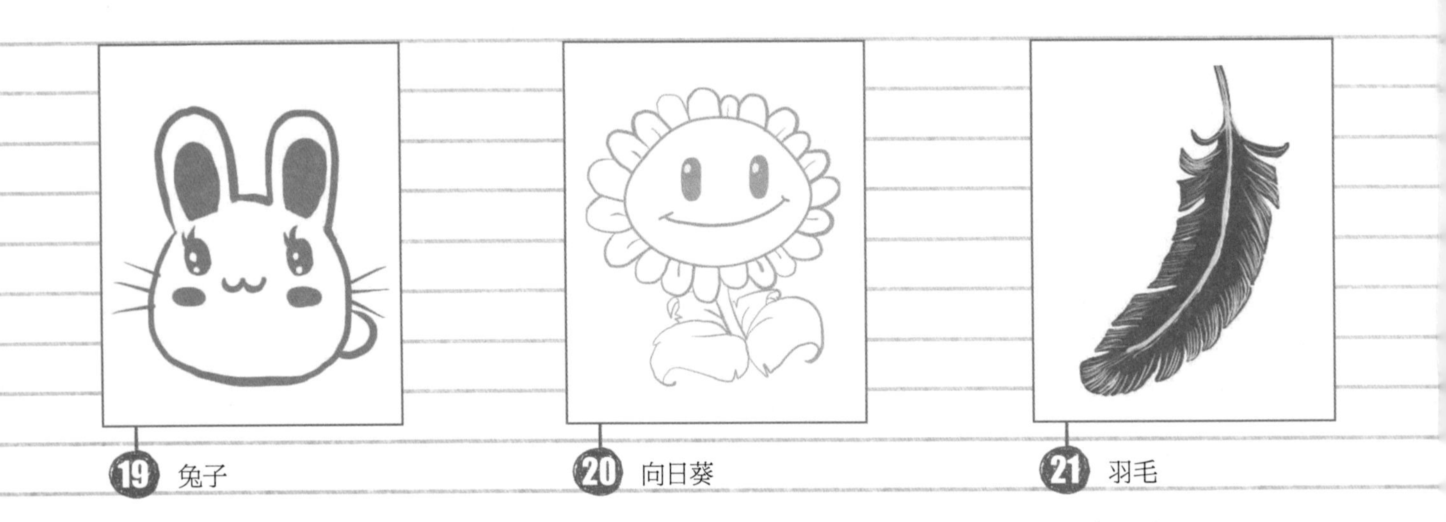

19 兔子

20 向日葵

21 羽毛

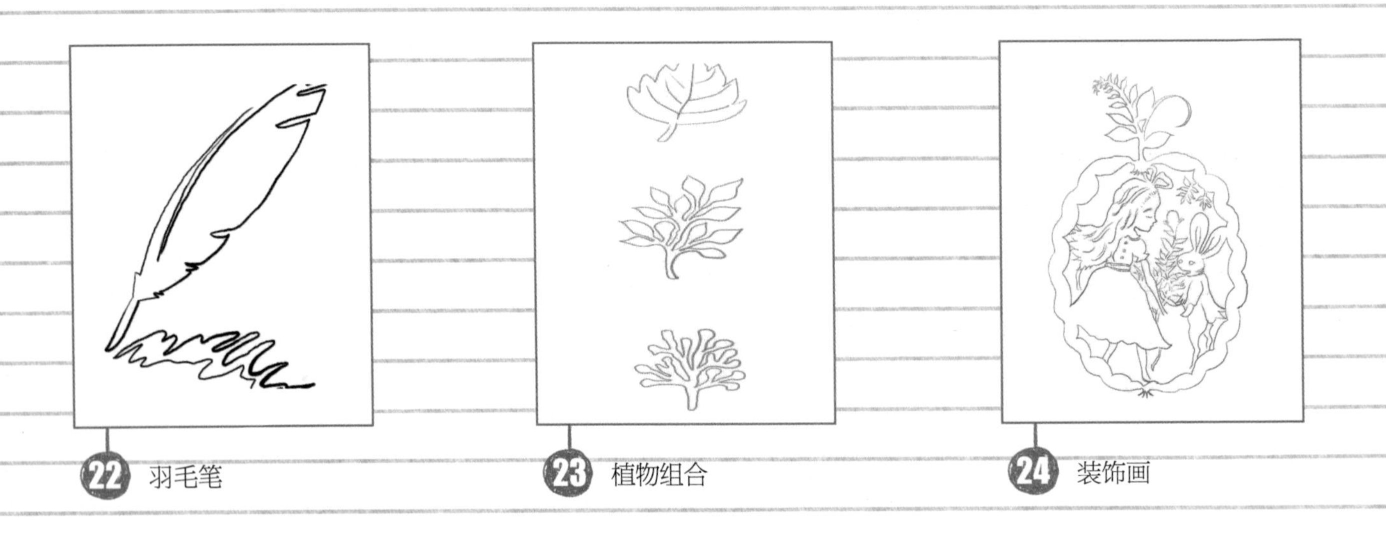

22 羽毛笔

23 植物组合

24 装饰画

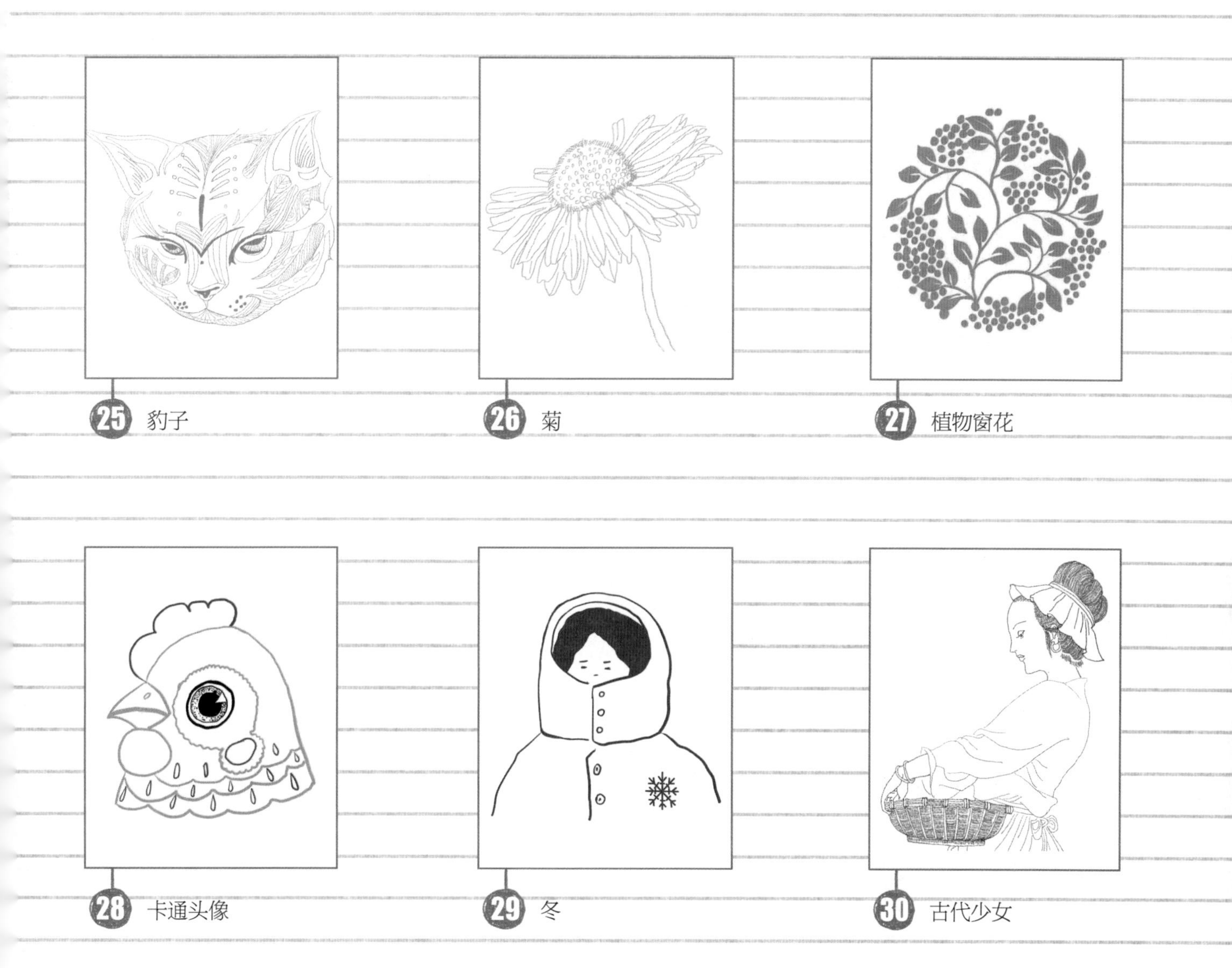

25 豹子

26 菊

27 植物窗花

28 卡通头像

29 冬

30 古代少女